NASA自然百科

认识宇宙

[美] 金伯利·K. 阿坎德（Kimberly K. Arcand）
[美] 梅甘·瓦茨克（Megan Watzke） 著 王晨 译

江苏凤凰科学技术出版社
南 京

图书在版编目（CIP）数据

NASA 自然百科：认识宇宙 /（美）金伯利 · K. 阿坎德，（美）梅甘 · 瓦茨克著；王晨译 . -- 南京：江苏凤凰科学技术出版社，2019.5（2023.4 重印）
ISBN 978-7-5537-9983-4

Ⅰ . ① N… Ⅱ . ①金… ②梅… ③王… Ⅲ . ①宇宙–普及读物 Ⅳ . ① P159-49

中国版本图书馆 CIP 数据核字 (2018) 第 298934 号

NASA 自然百科：认识宇宙

著　　者	（美）金伯利 · K. 阿坎德（Kimberly K. Arcand） （美）梅甘 · 瓦茨克（Megan Watzke）
译　　者	王　晨
责任编辑	谷建亚　沙玲玲
助理编辑	汪玲娟
责任校对	郝慧华
责任监制	刘文洋
出版发行	江苏凤凰科学技术出版社
出版社地址	南京市湖南路 1 号 A 楼，邮编：210009
出版社网址	http://www.pspress.cn
印　　刷	南京新世纪联盟印刷有限公司
开　　本	880mm × 1230mm　1/16
印　　张	14.75
字　　数	300 000
插　　页	4
版　　次	2019 年 5 月第 1 版
印　　次	2023 年 4 月第 9 次印刷
标准书号	ISBN 978-7-5537-9983-4
定　　价	158.00 元（精）

图书如有印装质量问题，可随时向我社印务部调换。

YOUR TICKET TO THE UNIVERSE

KIMBERLY K. ARCAND and MEGAN WATZKE

目 录
CONTENTS

第 9 章

归途漫游　227

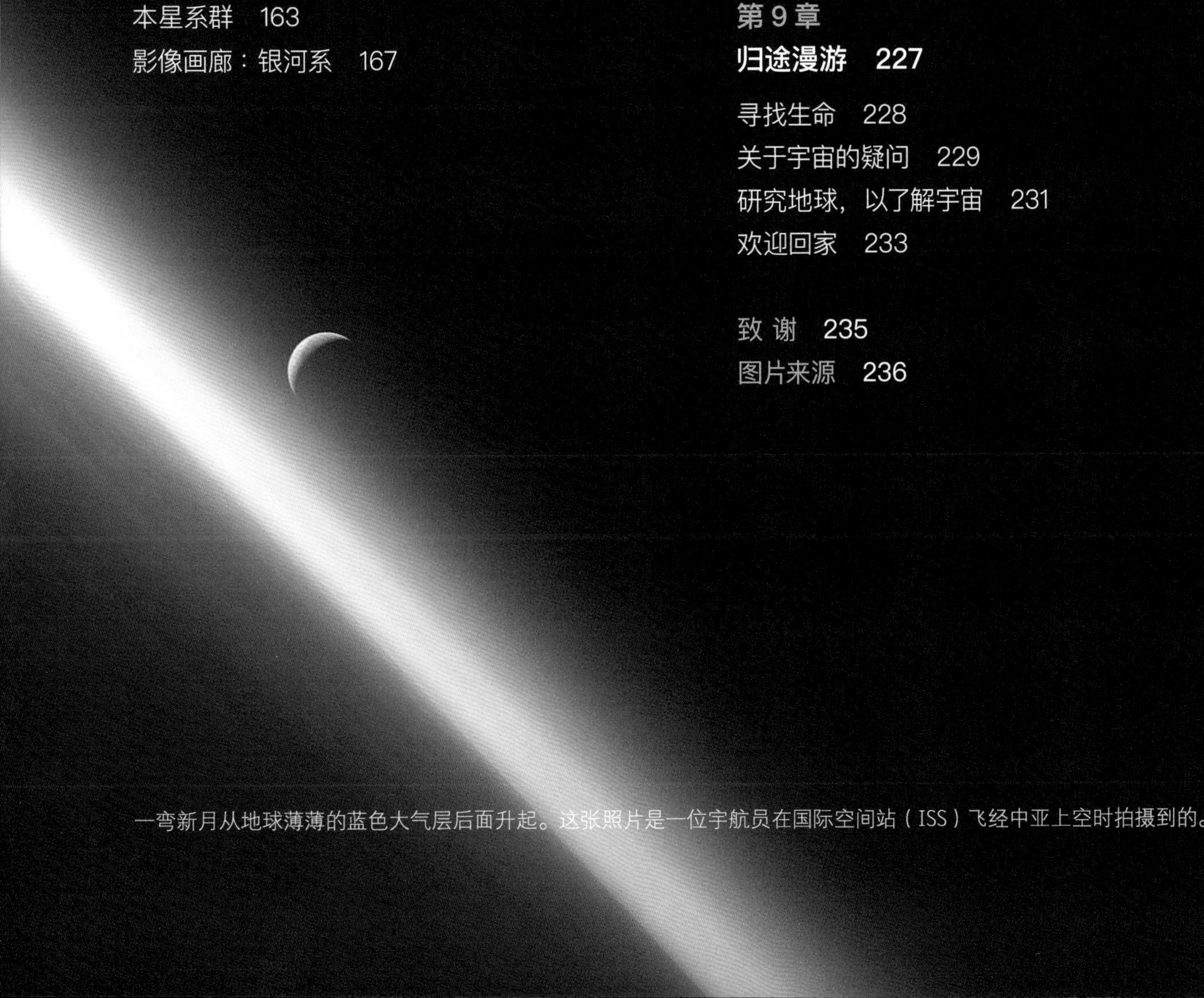

一弯新月从地球薄薄的蓝色大气层后面升起。这张照片是一位宇航员在国际空间站（ISS）飞经中亚上空时拍摄到的。

国际空间站上的宇航员每天能看到16次日出。2011年8月27日，罗恩·加兰（Ron Garan）拍摄了当天的一次日出。拍摄这张照片时，国际空间站正行经巴西里约热内卢和阿根廷布宜诺斯艾利斯的上空。

序

在电影《诺丁山》中，英国演员休·格兰特扮演性格内敛的威廉，一家小旅行书店的老板。一天，国际巨星安娜·斯科特（茱莉亚·罗伯茨饰）走进那家不起眼的小书店，想找一本关于土耳其的书。威廉向她推荐了一本旅行指南，他的原话是，“因为，这本书的作者真的去过土耳其，这或许对你很有帮助。”虽然我们这本《NASA 自然百科：认识宇宙》的两位作者金伯利·阿坎德和梅甘·瓦茨克并没有亲身去过遥远的宇宙深处，但她们都深度参与了美国宇航局（NASA）钱德拉 X 射线天文台的太空探索项目。因此，她们对于这本书所呈现的有组织的宇宙旅行提供了极好的指南。当你从地球前往宇宙最遥远的角落时，她们为你预订的位置总能让你将壮观景色尽收眼底。本书图文并茂，收录了哈勃、钱德拉、斯皮策三大太空望远镜拍摄的真实照片，另外一些照片来自 NASA 的其他太空飞行器和众多地面望远镜。这些照片用整个电磁波范围描绘了完整的宇宙全景。两位向导的解说既新鲜又清晰明了，语言诙谐有趣，并穿插着某些当前的潮流文化。

这次美妙的旅程从地球开始，之后我们将造访月球和太阳，然后在太阳系的所有重要景点驻足观赏。接下来这两位向导会为你安排一艘速度更快的太空飞船，把你送到其他恒星，观看它们波澜壮阔的一生的各个阶段。就在那时，真正的宇宙大漫游开始了。从我们所在的银河系前往或远或近的其他星系，有的星系平静温和，而另外一些星系正在发生剧烈的碰撞。途中，两位向导会让你在黑洞附近稍作停留，你可以拍摄几张动态照片，体验暗物质的引力效应，思索由暗能量所引起的神秘的宇宙加速膨胀。

正如作者所说的那样，科学家也未必能理解你在这次旅途中见到的所有现象。相反，她们反复强调在这片广阔的宇宙中，还有很多地方在等待着科学家去探索。这是一场令人兴奋的旅行——所以系上安全带，放松地坐下来，享受令人惊叹的美景吧。不提供晚餐，但是精神食粮管够！

——天体物理学家　马里奥·利维奥 (Mario Livio)

前 言

天空属于我们每一个人，是这本《NASA 自然百科：认识宇宙》问世的前提。你不需要医学学位，也能知道自己生病了；不需要文学博士学位，也能欣赏小说。同样地，我们当中那些没有天文学、天体物理学或空间科学高等学位的人，也能享受宇宙的所有奇景和体验。

本书意在为你在宇宙中的探险指明方向，一步步地指引你在太空中穿行，并在沿途用照片展示我们要去的地方，并指明任何太空旅行者都不应该错过的必看景点。但我们可能会遗漏某位旅客最喜欢的星系或者某个著名星云，不过这是旅行指南避免不了的。这段奇妙的旅程从我们居住的地球开始，直指我们最喜欢的恒星（也就是太阳），游遍太阳系，然后去往太阳系以外很远很远的地方。

对于宇宙，我们了解得越多，它就越有趣。近些年来，天文学家加深了对黑洞的认识，发现了其他恒星周围的 3 800 多颗行星，并计算出宇宙的 96% 是由我们还不理解的东西构成的。关于宇宙，我们知道的每一件事都来自基础科学和应用科学，尽管一些内容听上去更像来自科幻小说。

欢迎来到你的宇宙。

—— 梅甘 & 金伯利

左图：帷幕星云（Veil Nebula）是大约 5 000 至 8 000 年前在我们的银河系中爆发的一颗恒星的遗迹。最初的超新星很可能和新月一样明亮，当时刚刚发明了轮子和文字的古人可以一连数周都能看到它。如今的帷幕星云是一个相对较暗的大型超新星遗迹，在夜空中的跨度已经膨胀到了约六倍于满月直径的区域。在这里，我们可以看到位于众多恒星之间的这团气体正在被不可思议的冲击波加热，至今仍在宇宙中膨胀。

第 1 章
生活在地球

"从最初的地方开始，一直走到你所能到达的尽头再停下来。"

——刘易斯·卡罗尔（Lewis Carroll）

在探索外星球之前，我们需要根据自己的地球生活经验搜集一些信息。这不仅仅是对我们家园的乡愁情怀。随着我们对太阳系、银河系乃至最终的宇宙有了更多的了解，我们发现在自己的家园星球上就有适用于宇宙探险家们使用的宝贵工具。

我们大多数人从未离开过这颗星球——与一直生活在地球上的几十亿人相比，只有寥寥数百人进入过太空，包括宇航员和太空游客在内。尽管我们习以为常的地球环境可能会让我们对地球以外的世界产生误解，但我们依然对外面的世界充满好奇。例如，重力会不会在其他环境下表现得不一样？几十年来，科学家们一直在非常勤奋地研究这个问题——阿尔伯特·爱因斯坦（Albert Einstein）就是其中一员，而且他在这个问题上取得了举世闻名的重大进展。

在对地外生命的探索中，或许一些潜在的偏见影响了我们的判断。在很长一段时间里，大多数科学家都非常确信，任何类型的生命都需要我们所需要的东西：液态水、可呼吸的气体，以及舒适的环境。如今，我们知道地球只是银河系中数十亿颗行星中的一颗，而银河系只是其他数千亿个或者更多星系中的一员。

与此同时，我们还了解到，地球上的生命配方或许比以往任何人所想象的都更加多样。这意味着宇宙中其他地方存在生命的可能性比此前几代科学家设想的要高得多。

P10-11 图： 地球这颗家园星球为我们提供了丰富多样的机会，让我们得以拓展对生命的理解。

右图·上： 这是地球吗？这是火星表面的一个陨石坑。陨石坑中央的明亮圆形斑块是残留的水冰。这块冰常年存在，当覆盖在它上面的冰冻二氧化碳在火星夏季融化后，它就会出现。

右图·下： 是加拿大魁北克省北部的彭加卢特陨石坑（Pingualuit Crater）。这个陨石坑的直径略大于3.2千米。据科学家估计，它大约形成于140万年前。

一位真正的天才

爱因斯坦总是被用作“天才”的同义词，这不是没有理由的。在人类的历史上，大概没有人会比出生在德国、以相对论闻名于世界的物理学家爱因斯坦（1879–1955）更能影响我们对宇宙的理解。当他提出自己的概念和理论时，人类还有几十年才会拥有测试它们的望远镜或其他设施，就这一点来说，爱因斯坦真的很了不起。

爱因斯坦能够以超前的眼光思考宇宙。他意识到，除了宇宙中可能存在的极端环境，科学家们还需要将宇宙的庞大质量和空间尺度考虑在内——他就是这样做的。时至今日，在他第一批里程碑式的论文发表一百多年后，科学家们仍然在用爱因斯坦提出的概念来处理我们在宇宙中看到的东西。

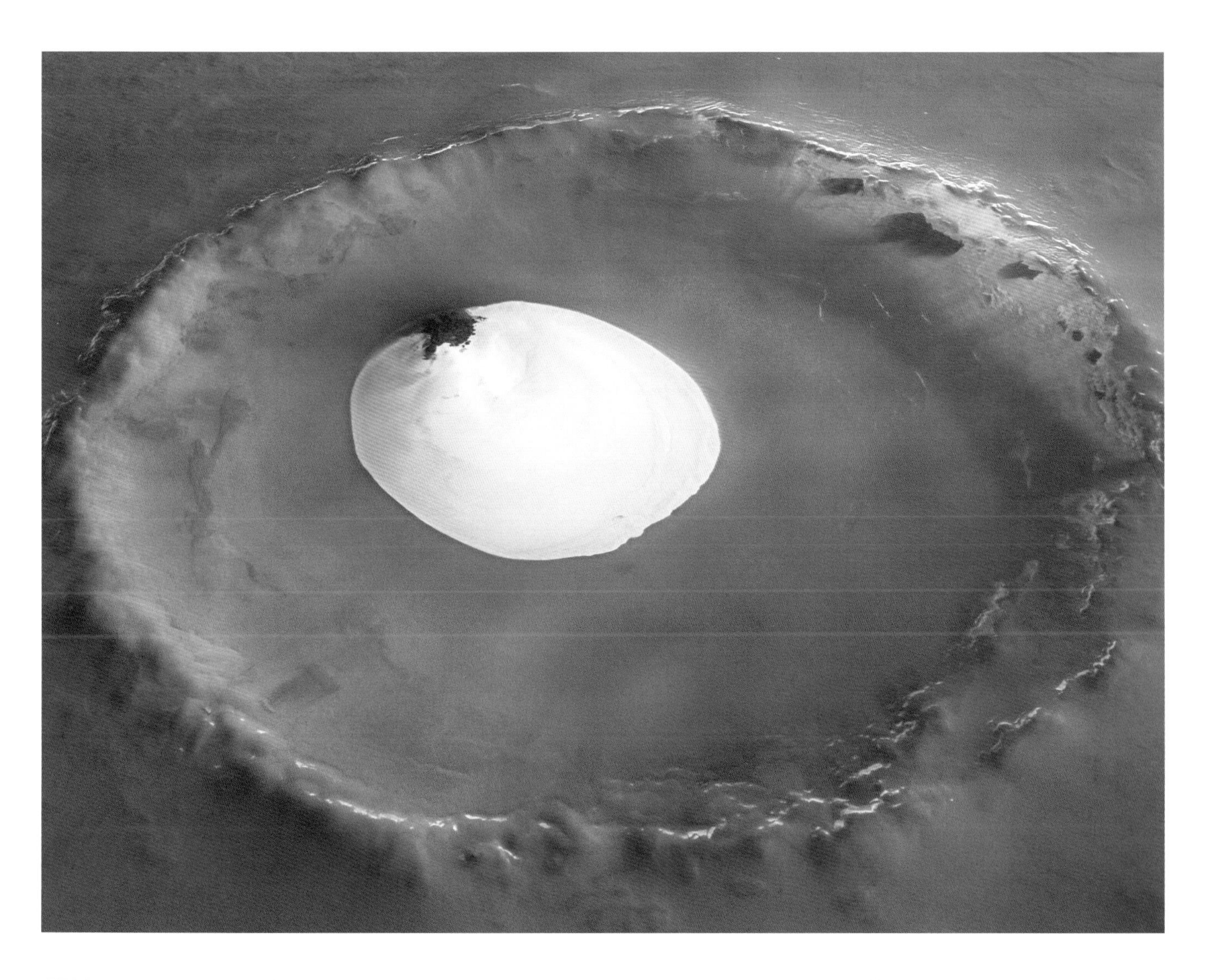

宇宙启蒙：地球上的生命

“生命”究竟是什么？有人或许会用举例的方式定义生命，例如人和动物，以及植物和更小的东西（比如细菌和微生物）。这些例子大多数存在于我们的日常生活中，或者生活在我们可以造访的环境中，例如海洋、森林、苔原，等等。

然而，近些年来，科学家们开始向地球上一些最严酷、似乎最不适宜居住的地方搜寻生命。他们探索了数千米深的海底火山口，那里的水压甚至能压垮最坚固的潜水艇；他们探索了被数千米厚的南极冰层封锁的冰冻湖泊，那里已经数千年照射不到阳光了；他们检查了海拔数千米的高酸性、高盐度山区湖泊，以及生活在那里的被太阳紫外线猛烈辐射的生物。

无论去到哪里，科学家们在每一个角落里几乎都能发现生命。

研究者们将目光投向这些不友好的地方，不只是为了看看地球上存在什么，也是为了看看地球之外能存在什么。几十年前，许多科学家还坚持认为生命需要特定的要素和特别的环境，但是，现在我们的思维已经拓展到能与最新发现相匹配了。如果生命可以在地球海面之下数千米的极端压力下茁壮成长，那么它为什么不能在太空中某种其他同样严酷的环境下兴盛起来呢？如果生命存在于南极的冰封湖泊下，那么在覆盖着冰的木卫（木星的卫星）的表面之下，或许也能发现生命呢？

对于研究者而言，终极解决方案是将探测器（也许有一天是科学家自己）运送到太阳系的某些遥远角落，去那里探索和寻觅生命。然而即便是可以运送机器人探测器，在今天来说也仍然十分困难和昂贵，所以这种探索任务现在很少，也不频繁。为了解决这个问题，科学家和工程师们转而研究地球上的偏远地区，希望用这种方式尽可能多地了解地外环境。

很难想象，地球竟然被当作另一颗行星的替身，就像好莱坞电影拍摄中所用的背景板被当作真实建筑物一样。但是对于想要了解距离我们这颗家园行星极为遥远的地方的人而言，在地球上设置这些“行星模板”极为重要。这些地点不仅用于检测哪些生命类型或许能够在很不友好的环境中生存，也用于检测太空车和其他探索任务硬件被送到地外环境时会遭遇哪些挑战。因此，在帮助我们理解地外环境这个问题上，地球扮演着重要的角色。

覆盖在南极洲弗里克塞尔湖（Lake Fryxell）表面的冰层是冰川融化的结果。淡水滞留在湖泊表面并冻结了，将下面的咸水封闭在深处。

让我们用这种对地球上生命的全新（当然是更复杂的）理解，收拾好行装，前往宇宙的其他地方。在漫漫旅途中，请记住：有时候我们知道得越多，理解得反而越少。

科学的整体观

从小时候起，我们就被教导将科学分为不同的类别：生物学、化学、物理学，等等。随着教育程度的加深，这种区分似乎越来越细化。生物学不再只是“生物学”——它是分子生物学、细胞生物学、系统生物学、进化生物学，等等。化学分为有机化学、大气化学、材料化学，等等。一旦你进入大学或研究生院，就会发现这些子学科之间仿佛有着天壤之别。

然而，所有科学都是相互联系的，并且受制于同样的基本法则。两个台球之间的物理规律和两颗星球之间的物理规律是一样的。在复杂程度和具体表现上当然存在一些差异，但内在原理是一样的。

宇宙研究尤其擅长将地球上不同的科学融合起来。从恒星如何燃烧，到星系风如何将元素扩散到太空中去，天文学和物理学完全与化学交织在一起。天文学还与地质学（研究我们的太阳系及太阳系以外的其他行星和天体）、生物学（试图找出生命能够存在的地点和方式）以及许多其他学科都有着天然的联系。总之，所有门类的科学都是为我们探索和理解未知领域而服务的。

地球的大气层和太空之间没有真正的分界线。科学家将地表上方大约100千米的高度定义为“大气顶层”，如下图所示。

地球上的极端生命

黄石国家公园

在怀俄明州、蒙大拿州和爱达荷州三州交界的黄石国家公园内的一处温泉中，生命创造出了一系列美妙斑斓的色彩。科学家发现这个大水池里生活着许多不同类型的生命（微生物）。由于温泉里的水非常热，所以这些微型生物——有的是单细胞生物，有的是多细胞生物——被称为“极端微生物”。不同种类的极端微生物在不同的温度下繁衍，特定区域的颜色取决于生活在其中的微生物种类。通过研究地球上的极端微生物，科学家们正在试图探究生命出现在太阳系中其他有类似环境地方的可能性。

鲨鱼湾

自从地球诞生生命以来，在 85% 的历史时间里，地球上只有微生物存在。这些古老微生物的生命活动的唯一宏观证据就保存在叠层石中。叠层石是形成于浅水中的圆顶状岩石结构。多年来，它们通过不断添加新的岩石层（包括生活在那里的微生物）来累积。这些由生物累积的构造主要发生在拥有极端条件——例如极高的盐含量——的湖泊和潟湖中，这些极端条件会使那里的生物免于被捕食。在澳大利亚西部的鲨鱼湾的哈美林池海洋自然保护区（Hamelin Pool Marine Nature reserve）中，叠层石就这样保存了下来。叠层石给科学家提供了一个研究只有微生物存在的世界会是什么样子的机会。

巴哈马群岛的蓝洞

当地球还非常年轻时，地球上的海洋在超过十亿年的时间里是没有氧气的。生活在这些远古海洋中的微生物通过光合作用吸收光线，但是不产生氧气。如今，在巴哈马群岛岛屿上被称为“蓝洞”的被水淹没的洞穴中，科学家们研究了密集爆发的紫色和绿色细菌，它们也会吸收光线但不产生氧气。这种生活方式与现代植物及某些种类的细菌形成鲜明对比，这些植物和细菌在进行光合作用时制造并释放副产物氧气，为人类和地球上的其他生命提供富含氧气的大气层。

斯瓦尔巴群岛

在挪威北部沿海的北极圈深处，坐落着一片偏僻的群岛，名为斯瓦尔巴群岛（Svalbard）。由于大约 100 万年前冰川下的火山爆发，使得该地区拥有了火山、温泉和永冻层（土壤冻结至少两年或更长时间）并存的独特地貌。斯瓦尔巴群岛为研究类火星环境中水、岩石和原始生命形式之间的相互作用提供了一个很好的机会。科学家来到这里，就是为了测试探测火星上生命所必需的元素所用的方案、程序和设备。

高山湖泊，贝尔德潟湖

科学家认为在大约 35 亿年前，火星上存在一些湖泊，其环境条件与地球上海拔最高的山脉（如南美洲的安第斯山脉）中的火山湖十分相似。照片中的玻利维亚的贝尔德潟湖（Laguna Verde）就是这样一座火山湖，其海拔高达 4 340 米。天体生物学家（即研究宇宙中生命起源、进化和分布的科学家）正在研究快速的气候变化对这个湖泊及类似湖泊的影响，以及它们在环境变化中维持生命的能力。研究结果能够让我们推测曾经可能出现在火星，但随着火星地质和气候演进而灭绝的生命的命运。

希姆巴湖

和贝尔德潟湖一样，希姆巴湖（Simba Lake）也位于安第斯山脉的高处。希姆巴湖是红色的，这是因为湖水中的藻类为了抵御海拔 6 100 米的高强度紫外线辐射所造成的伤害而制造出的红色色素。对希姆巴湖感兴趣的科学家在这里研究快速气候变化对湖泊栖息地以及生命适应能力的影响，试图了解火星和地球早期环境的演变。

四片沼泽

位于墨西哥科阿韦拉州荒漠地区的夸特罗谢内加斯（Cuatro Ciénegas，意为“四片沼泽”）是一个生物保护区，其中坐落着许多美丽的水池，照片展示的就是其中的一个。除了保护区内极其丰富的动植物物种之外，许多水池中还栖息着活跃的微生物群落，它们提供了地球上远古生命的档案。对研究者而言，它们是有生命的实验室，可用于研究地球上生命可能的起源。

力拓河

西班牙西南部的力拓河（Rio Tinto）蜿蜒 97 千米，注入大西洋。虽然河水呈酸性并且含有高浓度的铁离子和其他重金属离子，然而这条河却养育着丰富多样的极端微生物，包括藻类和真菌。微生物和它们的黏附表面占据了整片河床，一层黄色的氧化铁覆盖在上面。由于与火星的地质相似，科学家们于 2005 年在力拓河测试了在火星上钻探的设备，以搜寻火星表面以下的生命。

砂岩记录

这块翻转的砂岩位于南澳大利亚，看上去无足轻重，但它实际上展示了一片远古海床的波痕。澳大利亚的这个地区是地球上第一批复杂多细胞生物化石的所在地，这些远古生物大约出现在 6 亿年前。对这些早期化石的研究有助于科学家了解复杂生命在地球上的诞生和进化方式，以及它在其他星球上可能是如何进化的。

莫诺湖

莫诺湖（Mono Lake）是加利福尼亚州的一座内陆湖，面积约 1 800 平方千米，就坐落在约塞米蒂国家公园的东侧，四周群山环绕。莫诺湖是一个封闭流域，也就是说有水流进，但没有水流出。由于水离开莫诺湖的唯一方式是蒸发，所以它的盐度是海水的两倍。千百年来，淡水流和地下泉水不断将各种微量矿物质注入这座湖泊，包括三氧化二砷（砒霜）。科学家们正在研究这里的细菌，以了解生命是如何在这种环境中进化的。

第 2 章
太空中的地球

科学的全部，无外乎将每天的思考精细化。

——阿尔伯特·爱因斯坦（Albert Einstein）

理解光是穿越宇宙旅程的第一步。这是因为，光相当于穿行宇宙的交通工具。我们现在还不能亲自飞到这些遥远的地方，但是我们可以通过它们发出的光了解并探索这些陌生而迷人的目的地。

我们通过在地球上的生活认识了光。似乎大多数人都知道光明和黑暗的区别，对吧？好吧，为了保险起见，不妨先问问你自己，光的定义到底是什么。许多人所认为的光——即我们用肉眼能看到的光——只不过是所有存在的光线中极其狭窄的一个区域。

对于其他类型的光，你或许已经很熟悉了，只不过还没有充分意识到它们的存在。例如，军队使用的夜视镜能够在黑暗中“看见”东西，这是因为它们能检测到人体和其他物体以红外辐射的形式所散发出的热量（辐射其实是光的另一个术语，这两个词在本书中是可以互换的）。你对紫外线应该也很熟悉，这种辐射会对我们的皮肤造成损伤，因此我们才要购买防晒霜以隔绝它的伤害。如果你看过牙医，或者不幸骨折了，你还会体验到一种能量更强的光——X 射线。

所有光都以相同的速度传播，但是光有不同的种类，每一种光都有它们自己的能量范围。无线电波是光谱中能量最低的。可见光是人类唯一能够能用肉眼看

P28–29 图: 从太空中看，地球最醒目的特征是它美丽的蓝色。这张合成的照片还展示了一半地球被阳光照亮，另一半被黑暗笼罩的样子。在黑暗的部分，居住区的城市灯光灿烂迷人。

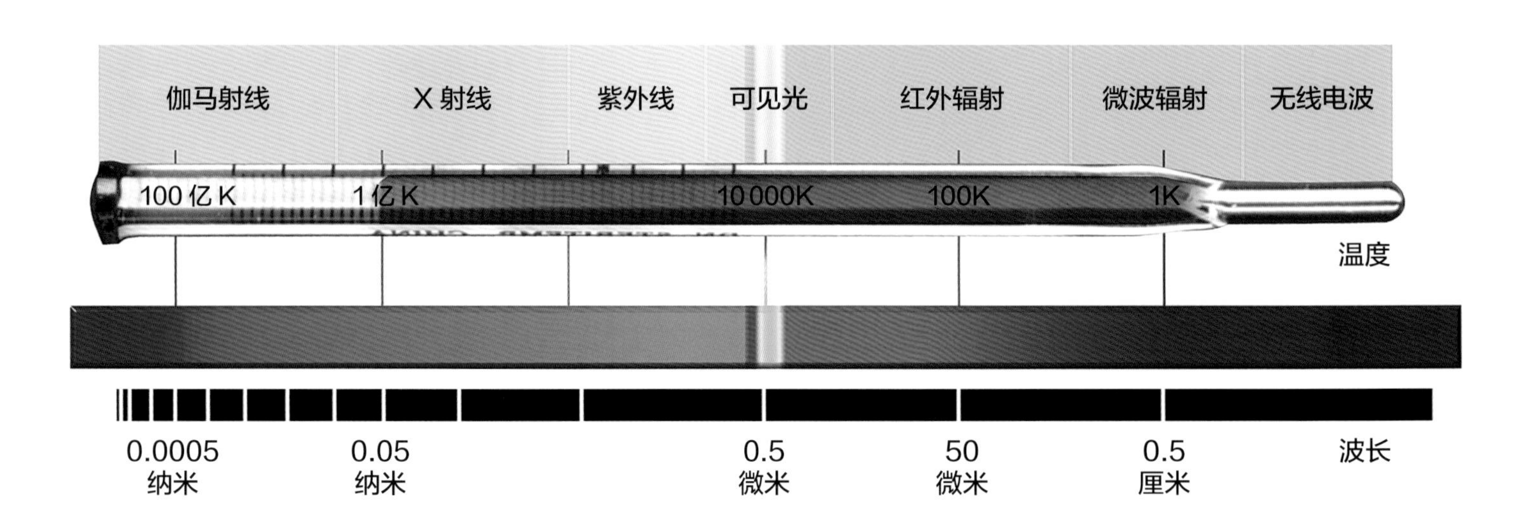

物体散发出的辐射波的波长通常与其温度相关。

到的光，它的能量强度是无线电波平均值的 100 万倍。X 射线的能量强度是可见光的数百倍至数千倍不等。

当我们动身探索宇宙时，我们需要将这些关于“其他”类型的光的知识铭记于心，这不仅是因为宇宙中的物体会散发出我们无法用肉眼看到的辐射，而且实际上它们发出的大部分光都处于必须使用天文望远镜或其他设备才能看到的范围。

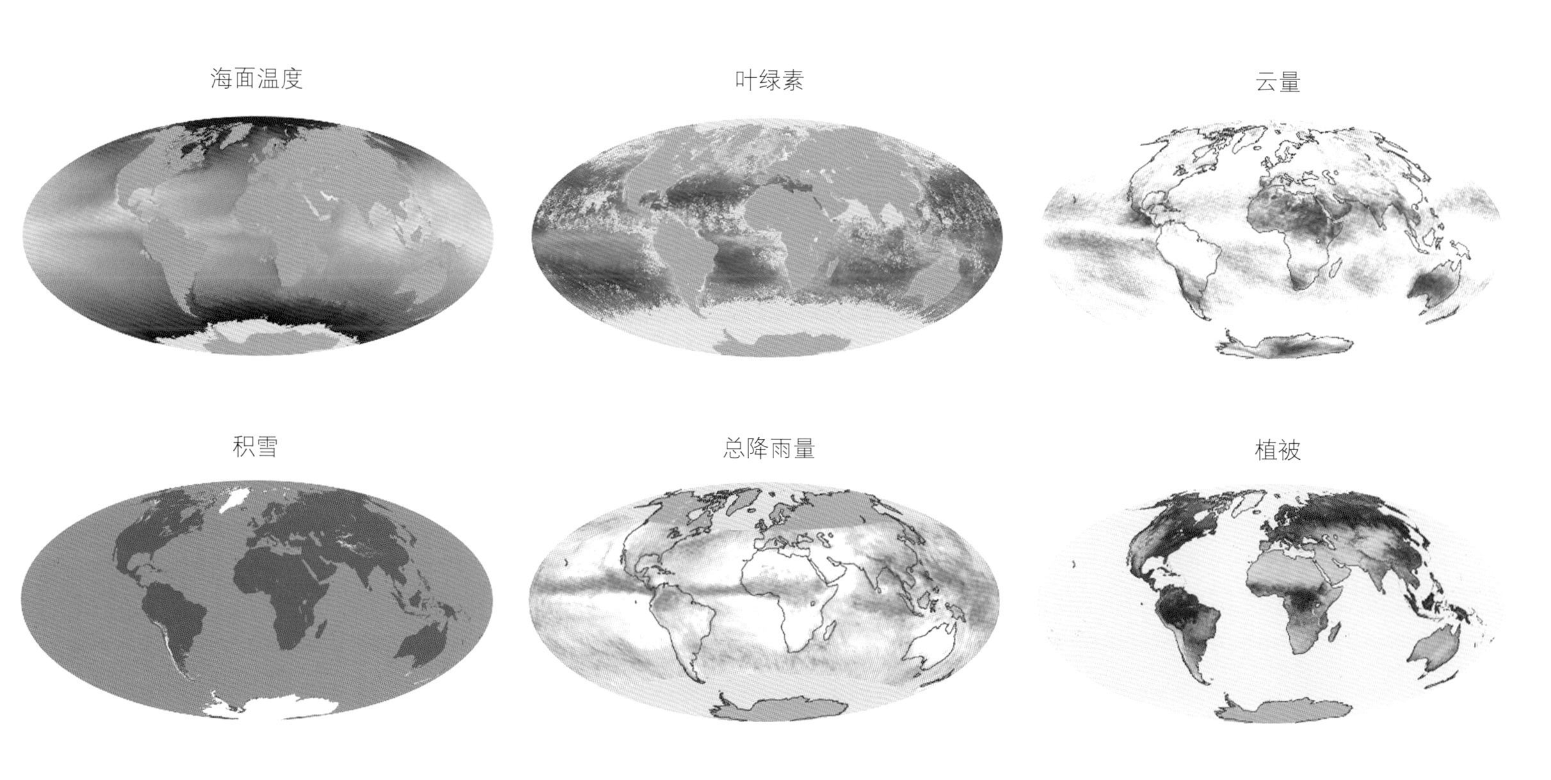

NASA 的地球观测卫星可以提供全球范围内的实时动态。

科学家们使用不同种类的光研究不同的事物。以地球为例，我们使用能够检测微波辐射的卫星来研究海洋温度，以及土壤湿度、海冰、洋流和污染物等。科学家们用红外辐射检测极地地区的冰层厚度，帮助研究火山爆发，以及测量地球表面的植被覆盖情况。研究人员使用可见光测量地球的雪掩量。你会在上面的积雪图中注意到，北半球纬度最高的地区似乎没有雪。这是因为这些地区在冬天没有阳光照射，我们无法搜集可用的光学数据。所以简而言之，如果想要全面掌握我们这颗星球上正在发生的事情，天空中需要很多双不同的“眼睛”。

我们真的需要这么多望远镜么?

在阅读本书的过程中，你会发现我们将会提到许多不同类型的望远镜，既有地面的，也有太空中的。为什么天文学家需要建造这么多望远镜呢?

这种情况就像是某个富人在自己的车库里囤积了许多辆豪车，但实际上只需要一辆而已。但事实是，每一台专业望远镜都有与众不同的独特功能，现代专业望远镜采用了复杂的技术。要想检测到某种特定类型的红外光或者一缕伽马射线，需要大量的科学家、工程师和专业技术人员的通力合作。

我们可以将对这些望远镜的需求比作旅行途中对汽车、飞机、火车和船舶的需求。根据你要去的地方，你可能需要某种或者多种交通方式。每种方式都有不同的用途——汽车不可能带你跨越海洋，轮船也没办法帮你翻越陆地。对于不同种类的望远镜而言，道理是一样的：每一台望远镜都有各自的功能，不能相互取代。

我们需要用不同种类的望远镜观看不同种类的光。这幅插图展示了哪些种类的光会被地球的大气层吸收。例如，X 射线（右上方）会被大气层阻挡，所以我们必须将航天器发射到相应高度的轨道上才能研究 X 射线。

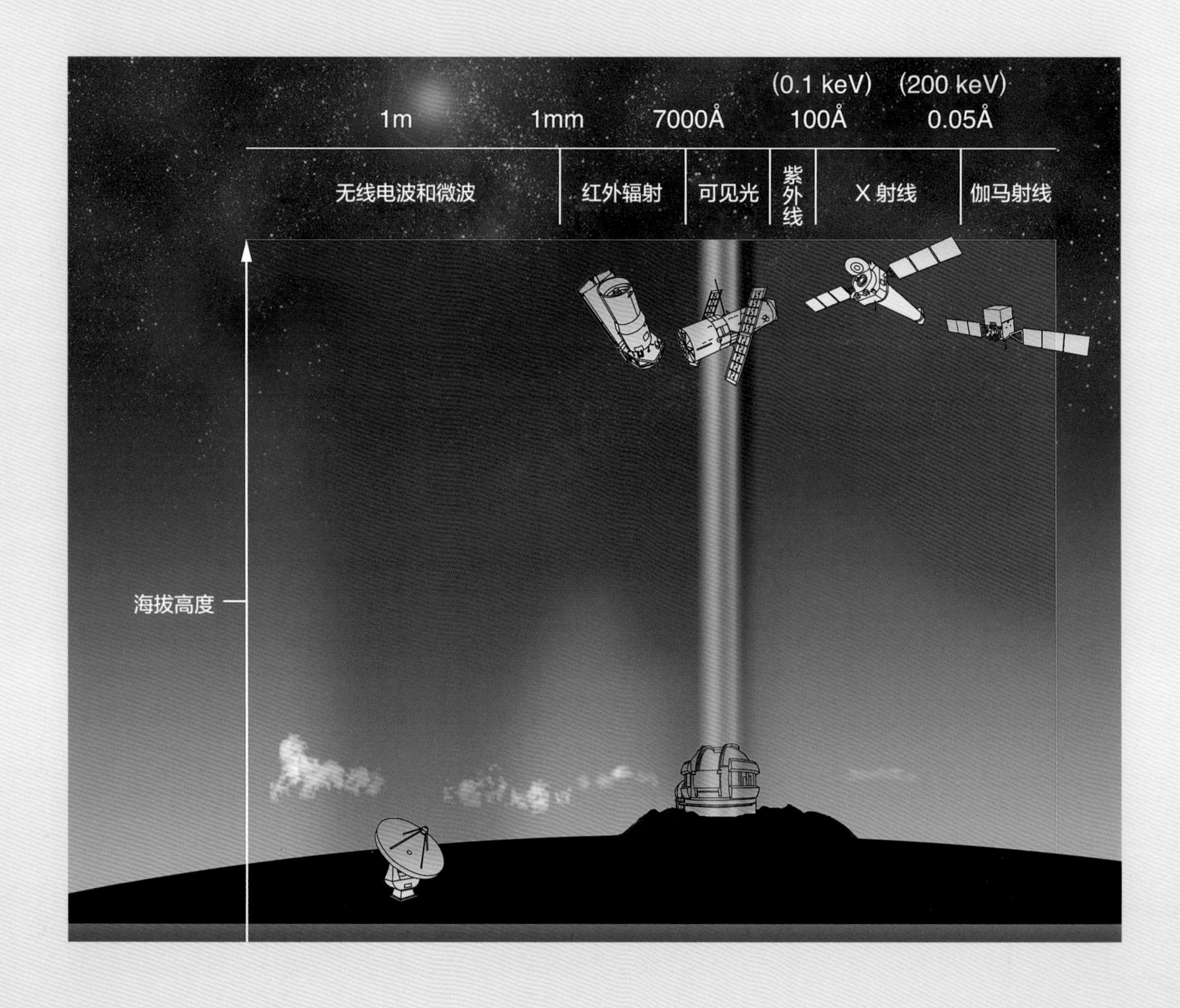

带外星人去看棒球比赛

正如我们所看到的，我们能用肉眼观察到的光只能揭示宇宙中正在发生的事物当中的很小一部分。为了说明这一点，我们将使用一个非科学的类比，它来自我们最喜欢的资源之一，名为钱德拉 X 射线天文台的在轨望远镜。

设想一下，有个外星人来到了我们的星球。现在你要负责带外星人去看一场棒球比赛，记得在路上蒙住外星人的眼睛，然后直接让他了解这场比赛。落座之后，你揭开外星人的蒙眼布，但是出于某种原因，外星人只能看到三垒边线上一条狭窄的区域。你让你的外星人朋友根据他看到的状况告诉你比赛的情况，不光是比分，还包括选手人数、规则，等等。我们可怜的地外来客一定会非常困惑——而且很可能会找个借口离开。然而，如果这名外星人能够看到整个棒球场，那他看懂比赛的可能性会更大。

如果只能看到三垒边线，就很难弄懂棒球的比赛规则。

与研究太空相似的是，可见光就像是我们只看到了三垒边线。而能将棒球场补充完整的，是从无线电波到伽马射线的所有其他类型的光。当然，就算能看到整个棒球场，想要理解比赛规则也绝非易事。同样地，就算能够检测到全部类型的光，想要理解宇宙的全部规则也非常困难，但我们如果能看到全貌，这就比只能管中窥豹容易多了。

光的解读

光的范围比我们用肉眼看到的要大得多。它包括从无线电波到伽马射线的各种辐射——如果没有用“看见”它们的特殊技术，它们大多数是不可见的。从我们的太阳到遥远的星系，宇宙中的物体散发出的光大都是不可见的。不同的光，为不同的天文数据赋予了不同的颜色，呈现出不同的图像，从而让我们能够看到并理解其中的信息。

银河系中心的 X 射线图像，来自钱德拉 X 射线天文台。

缤纷多彩的世界

我们将要探讨的下一个概念是颜色。我们对颜色的认识，也是身为地球这颗行星的居民的天然优势。很多学龄前幼童都知道彩虹的颜色：红橙黄绿蓝靛紫。随着年岁更大一点儿，科学课老师可能会向我们展示如何用棱镜将阳光分解成这些颜色。看呀，我们理解了颜色！

嗯，或许如此。如果光是前往宇宙中各个目的地的交通工具，那么颜色就是理解它们所必需的语言。如果我们无法物理检测到某种信息，又怎么谈得上解读呢？一种解决方案是，我们将自己能够看到的颜色分配给我们看不到的光的类型，以提供一个可见的模型。

在继续深入之前，应该先声明，本书的所有太空图片都是完全真实的（除非特别说明是艺术家创作的插图）。这一点需要事先说清楚，因为关于数字现实这种新鲜事物，有时会存在一些令人困惑的地方。我们生活在一个“PS”横行的时代，有无数种方法可以改变一张图片。如果你不能相信杂志封面上某个名人的照片没有被修饰过，那么你如何能相信这些来自太空的壮观图片是真实的?

我们理解这种可能的混乱和怀疑。但我们可以非常自信地说，本书中的图片代表着真实宇宙中真实事物的真实数据。将这些放在一起，梳理清楚，需要很多步骤，所以我们有必要先介绍一下基础知识，以便您能相信自己的眼睛所看到的东西。

在过去的几年里，天文学家总是使用胶片拍摄天空。他们会将不同的颜色用在望远镜的不同滤光片上，并将它们堆叠在一起。在暗室中经一番操作之后，就得到了天空的彩色图像。

如今，几乎所有来自望远镜的数据都是数字格式的。为了生成这些图像，只能将颜色分配给不同的数据片。在某些情况下，它是同一种光的三个不同切片，例如可见光（即我们能用肉眼看到的光）。在其他情况下，它可以是一层红外辐射数据片堆叠在无线电波数据片上，再堆叠在 X 射线数据片上，三张数据片对应的视野完全一样。只要有数据，不同数据片可以按照任何排列方式堆叠。所以要想理解任何天文图片中隐藏的信息，阅读图注是非常重要的。

我们已经越来越习惯在当地天气预报中看到不同类型的科学图像，即便我们并没有意识到这一点。例如，卫星图像中的亮红色色块警示我们相关区域可能会遭遇严重的雷暴，而绿色或蓝色色块覆盖的区域可能会发生程度较弱的风暴。既然我们对天气的概念已经很熟悉了，这样的图像就不会吓到我们。我们知道我们头顶的雷雨云实际上并不是鲜红色的，但是天气预报中的颜色为我们提供了更多信息，而不仅仅是在展示覆盖着大片地区的浓重的乌云。

我们也知道，尽管我们不能用肉眼看到即将到来的冷锋，但我们仍然应该为冷锋到来的那天准备好一件毛衣。同样地，真实的天体和我们在此展示的太空图像也是如此。对你来说，天文现象也许比天气现象更陌生，但这些图像同样代表着真实的数据，并且用不同的颜色表示，以使这些图像成为更容易解读的信息。

不是通过数字为太空图像上色

这可能是研究“假颜色”的好时机。有人认为，如果颜色是随机分配给数据的，这样得到的太空图像就不是真实的。但事实并非如此。假如你有一件素色羊毛衫，但你把它染成了粉色的。要是你选择把它染成蓝色呢？难道染成一种颜色就是真的羊毛衫，染成另外一种颜色就让它变成假的了么？两种颜色的羊毛衫都是真的——只是颜色不同而已。选择不同的颜色，并不会改变羊毛衫的结构或面料，你只是赋予了它某种颜色。对于太空图像来说，也是同样的道理。这些颜色是由将太空图像拼凑在一起的人们做出的选择，通常是为了展示特定的现象或者让某张图像的意义更加清晰，但数据却一直是真实的。

媒体一般会在你每晚收看的天气预报中播放什么呢？一般是能够看出云量的用红外光拍摄的卫星图像。

让我们花一点时间，用各种不同的光和一系列颜色观看整个地球。

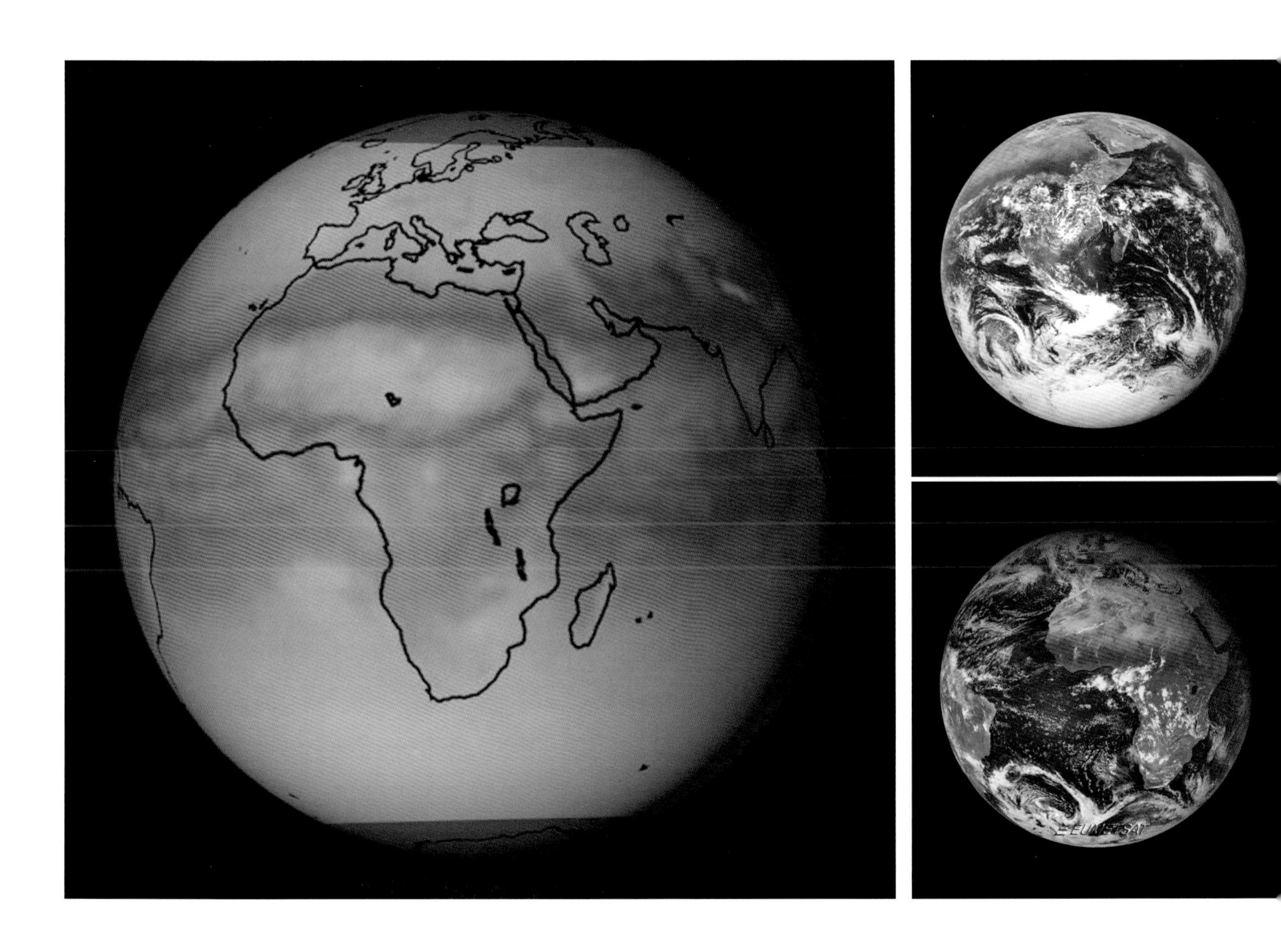

这三张图片展示了卫星用三种不同类型的光观看到的整个地球——（顺时针方向）紫外线、可见光，以及红外辐射。

你在这版图片中看到的是笼罩在不同类型的光中的地球。但它仍然是那颗我们一直都熟悉并且挚爱的行星。这些图像只是表明，不同种类的光会强调地球的不同特征。

在我们远离地球的旅途中，要将这些缤纷多彩的地球图像牢记在心中。对于宇宙中的天体，你也许没那么熟悉，但它们都是以真实的状态呈现，即便图像呈现出了不同的颜色并且是在不同类型的光下拍摄的。

是时候动身离开我们的星球了。如果我们在你的宇宙旅行工具箱里放入的关于光和颜色的本质的概念还不能让你完全明白的话，也不要担心。旅行的目的之一就是学习，没有比我们生活中所处的宇宙更好的教室了。

影像画廊

从太空看我们的地球

地球

地球、陆地、盖亚（希腊神话中的大地女神），我们在太空中用所有这些名字来形容我们的家园。我们需要宇航员和航天器能够飞离地球很远一段距离，才能捕捉到我们这颗家园行星这样的一张肖像。这张地球的照片来自 NASA“蓝色大理石”（Blue Marble）系列，拍摄于 2012 年 1 月。

美国东海岸的夜晚

这是从国际空间站上看到的美国东海岸部分地区的夜景。这片人口稠密的地区，从左下角至右边包括了弗吉尼亚州的汉普顿和里士满、华盛顿特区、马里兰州的巴尔的摩、宾夕法尼亚州的费城，以及纽约市和纽约州的长岛（右下方的明亮灯光）。长岛上方则是康涅狄格州、罗得岛州和马萨诸塞州的部分地区。

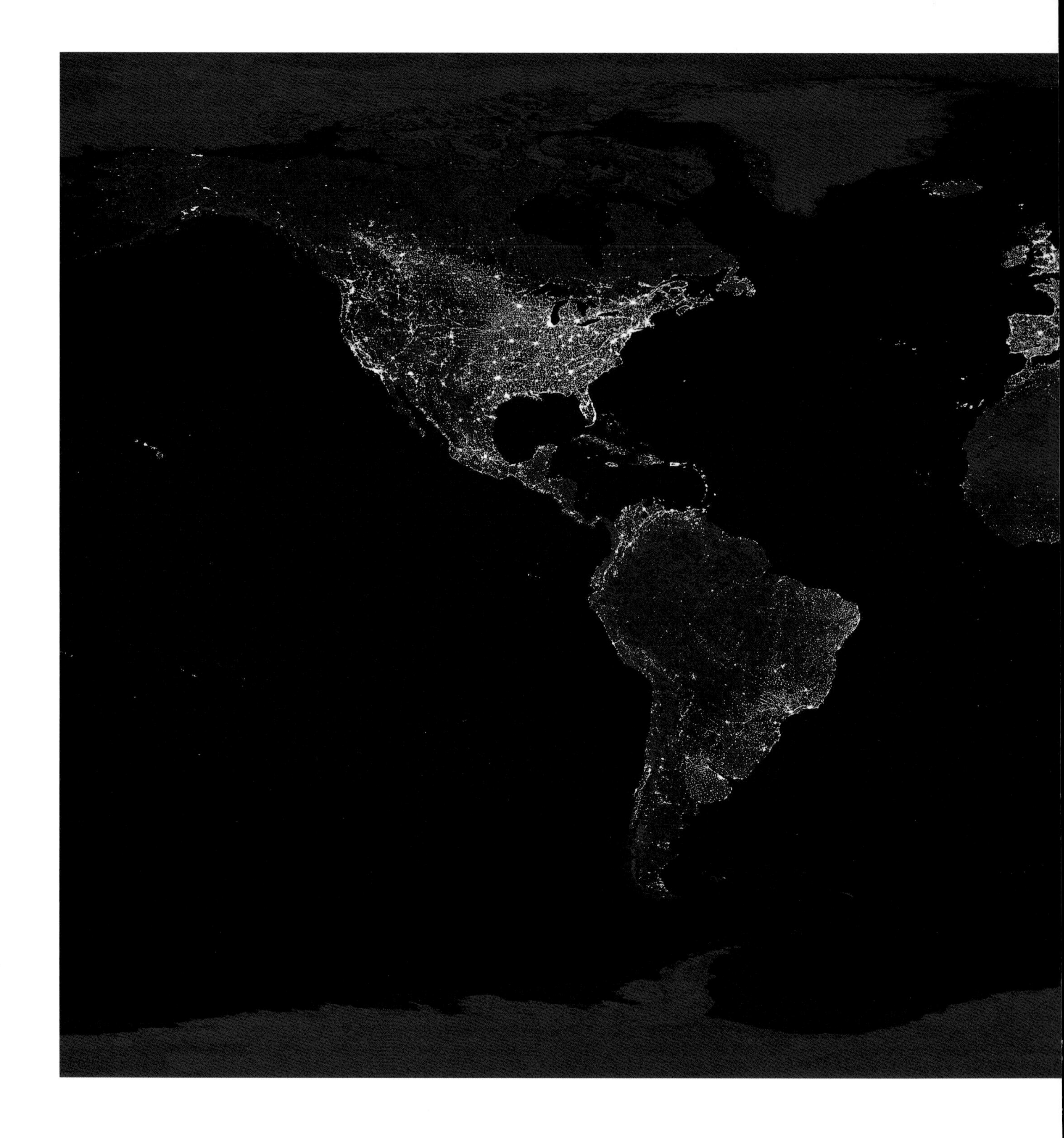

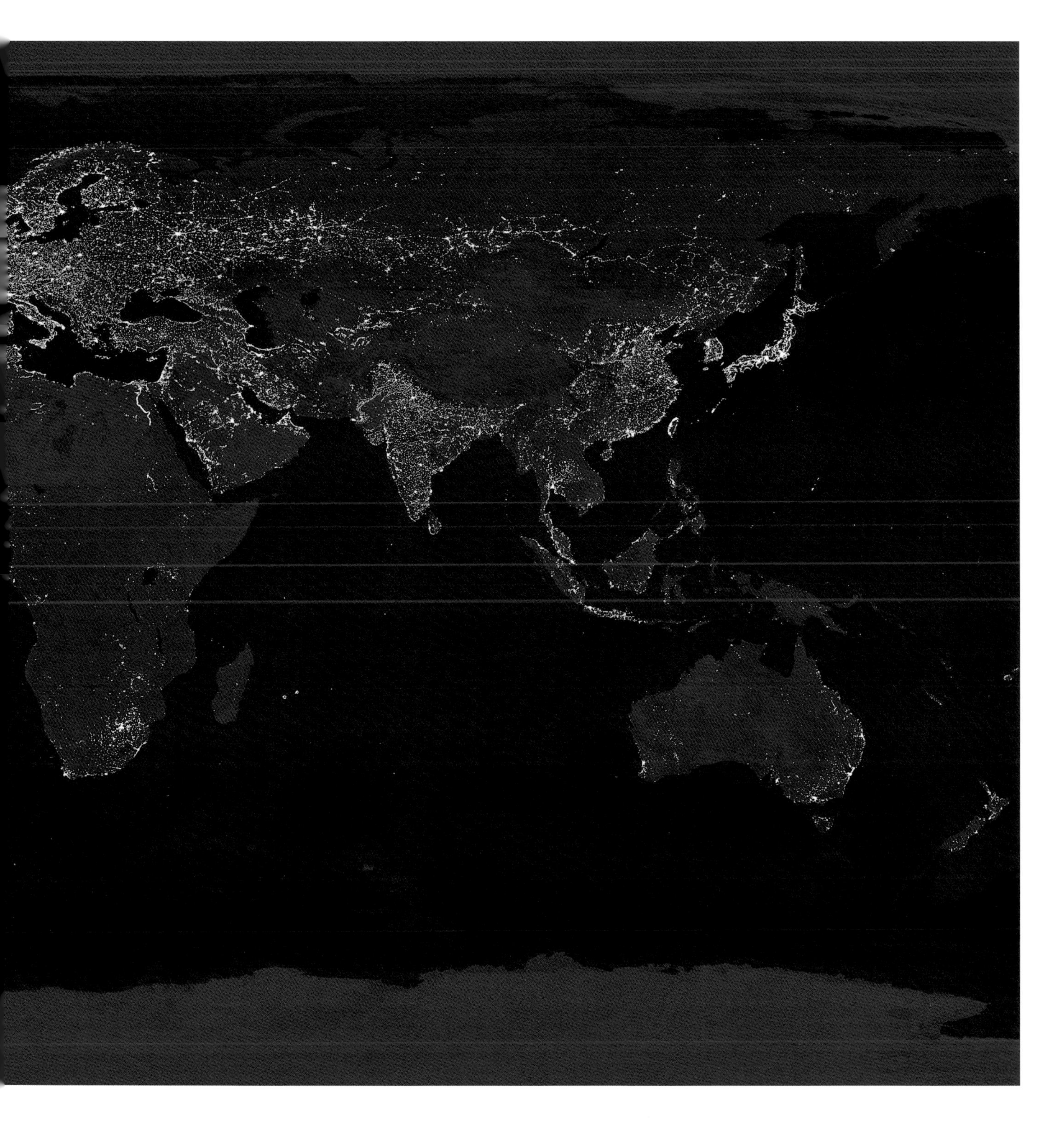

夜晚的地球

这是一系列合成的图像，展示了地球的夜晚。（这绝不可能只是一张快照，因为无论任何时候，地球总有一半是白天。）这幅图像展示了在人类发展过程中，有多少光逃逸到太空中。毫不奇怪，大部分的光来自人口最稠密的区域。如果真的有天外来客到访，那对他来说就不难弄清楚我们大部分的人类都生活在什么地方。

从太空观看飓风“伊莎贝尔”

在地面上目睹和亲历飓风，可能是毁灭性的事件。然而在宁静的太空中，它们看上去相当美丽。在国际空间站 2003 年 9 月拍摄的这张照片中，飓风“伊莎贝尔”（Isabel）正在向美国东海岸移动。从太空拍摄的飓风照片能够提供风暴结构的细节，科学家可以利用这些细节深入地了解风暴的动态。

从太空观看雷暴

2009 年 10 月 6 日，国际空间站上的宇航员在眺望远处地球上的蓝色地平线时，拍摄了这张雷暴和圆形云的照片。当时，这些宇航员正在玻利维亚附近的马德拉群岛附近的环地球轨道上飞行。这些云引人注目的形状很可能是由后期的雷暴造成的。国际空间站上的宇航员用相机捕捉到阳光在亚马孙流域水面上的反光，照片的右下角处尤其明显。

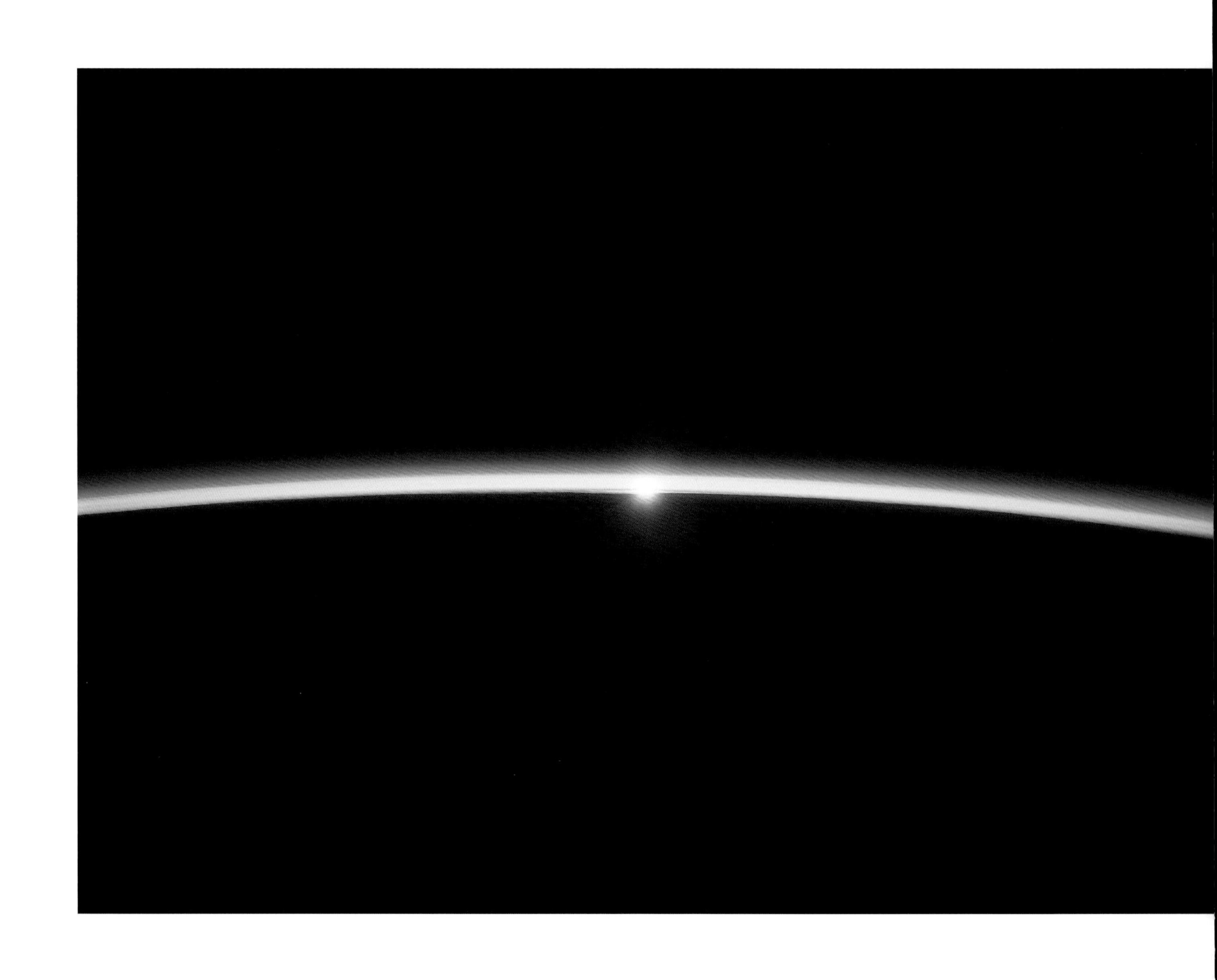

蓝色细带

地球上薄薄的大气层是地球上的生命与寒冷、黝黑的虚无太空之间唯一的分界线。地球的大气层没有清晰的顶部边缘，而是逐渐稀薄，直到彻底消失。大气的不同分层各有特点，例如，所谓的平流层中含有起保护作用的臭氧，众多的天气现象发生在处于大气的最下层的这里。这张照片是国际空间站的宇航员在 2008 年拍摄的，捕捉了落日穿过对人类至关重要但相对稀薄的大气层的场景。

地平线上的日落

这张照片是宇航员在国际空间站上拍摄的，展示的是日落时分的地平线。照片底部的地球区域已是晚上了，而外太空的黑色幕布笼罩在最上面。两片黑色区域之间是对流层（大部分云存在的地方）、平流层（飞机的巡航高度），以及大气层的最高部分——空气逐渐稀薄的外太空真空。对于国际空间站上的宇航员而言，落日是很寻常的景象——他们每天可以见到16次。

闪耀在天幕中的光带

极光是在地球上所能看到的最美丽的夜空景色之一，从太空看过去更加令人印象深刻。在远离地球的高空，当国际空间站穿行于太空时，空间站上的宇航员可以从窗口近距离观看极光美景。2010 年 8 月 13 日，NASA 的宇航员道格 · 惠洛克（Doug Wheelock）拍摄了这张照片，当时有一股小规模的太阳风闯入了地球的磁场范围。这次撞击不够剧烈，产生的极光不足以让地球上的人们看到。

鸟瞰一颗彗星

某些彗星距离太阳很近，因而被称为“掠日彗星”。很多这样的彗星会因此被蒸发掉，但其中比较大的彗星能够幸存下来，返回外太阳系。这张照片中的爱喜彗星（Comet Lovejoy）就是近距离接触太阳之后能够幸存下来的彗星之一。在这张照片里，爱喜彗星似乎要一头撞上地球了。实际上，这只是错位造成的视错觉，这颗彗星与地球之间的实际距离还很远。

第 3 章

月球和太阳

世上有三种东西是无法被长久隐藏的：太阳、月亮，以及真相。

——乔达摩·悉达多（Gautama Siddhartha）

好了，宇宙探险家们，我们正准备出发前往我们的第一个目的地——月球。

月球，体积大约是地球的 1/4，就天文学上的距离而言和我们非常近。它对地球影响很大，包括通过引力帮助我们的海洋产生潮汐。与我们这颗行星相距大约 386 000 千米，它是目前为止离我们最近的邻居。因此，月球是我们至今唯一能够派遣宇航员登陆的天体，这项壮举是我们在 20 世纪 60 年代至 70 年代通过阿波罗系列航天任务完成的。

在偶尔观察天空的人的眼中，月球最吸引人的地方或许是，它在每晚的夜空中都会有所变化。实际上，月球的形状变化并不是在一个月的周期内发生的。实际上，月球每 27 天左右就会环绕地球一周，它在天空中的位置会随之变化。环地球轨道上的不同点会增加或减少月球被太阳照亮的面积。这就是我们这些地球上的人在一个月内会看到不同月相的原因。

月球的每一种月相都有专门的名称。当月球位于地球和太阳的正中间时，我们叫它“新月”，此时我们是看不到月亮了。当它位于地球的另外一侧时，那就是我们所熟悉的“满月”，月球的整个圆面都会被太阳照亮。在这两个月相之间，月亮要么多一些（“渐满”），要么少一些（“渐亏”），这取决于有多少阳光能够照射到它。

若想更清晰地理解这一现象，不妨找一间暗室，将一只手电筒放在桌子上或其他固体表面上。然后将一只网球或乒乓球固定在一根棍子上，保持一臂的距离。站在原地不动，让球围绕你的身体移动。这时你会注意到球与光源的相对位置决定了球有多大表面积被光照亮。这是一种对月球绕地球运行过程非常粗糙的类比。

P48–49 图：在地球暗黑色表面的上方，一圈橙红色光芒及其棕色边缘是大气层中位置最低、密度最大的一层，被称为对流层。对流层上方模糊的灰白层是所谓的平流层。大气层最上面的从蓝色逐渐变成黑色的部分分别是中间层、电离层和散逸层。

太阳系的形成

在地月关系中，有趣的一点是月球在绕地飞行时总是将同一面朝向我们。这导致了“月球背面”这一说法的诞生，它代表着秘密或未知的地方。虽然数百年来月球背面引起了人们的各种猜想，并为科幻小说提供了大量灵感，但是我们能够从地球上看到的一面同样引人入胜。即便不用望远镜，我们也能看到月球表面上的大片幽暗和明亮区域。或许你已经注意到了，月亮看上去有许多凹痕。这些相互重叠、大小不一、颜色各异的圆圈就是环形山（陨石坑）。但是这些环形山究竟从何而来呢?

这张照片是 1969 年 5 月在阿波罗 10 号航天任务中拍摄的，展示的是月球上的环形山。

太阳系形成示意图。

这要追溯到太阳系形成的原因。数十亿年前，气体和尘埃组成的一个庞大云团发生了坍塌，开始孕育我们的太阳。随着时间的推移，这个云团的核心积累了足够大的质量，开始进行核聚变——为恒星提供了能量，从而熊熊燃烧起来。

当幼年期的太阳形成之后，四周仍然有很多物质在围绕着它打转。这些物质逐渐分散到一个扁平的圆盘上，围绕着太阳旋转。随着时间的推移，这个圆盘中的大块物质开始彼此碰撞融合，融合出的团块物质越大，也就会有越多的圆盘中的物质在越来越大的引力作用下被它们吸引过去。想象一下在案板上滚动的一块馅饼面团，它会在滚动过程中采集较小的面团和面粉。

过了一段时间，一些大团块获得了足够多的物质，开始在这个圆盘中占据支配地位。这些“超级团块”最终变成了我们所说的行星。虽然这些正在成形的行星将旋转的圆盘中的大多数物质吸了进来，但许多块头较小的岩石仍然在幼年的太阳系中漂浮。这些岩石有时会一头撞上那些还非常年轻的行星，产生或大或小的撞击。

所有行星在早期阶段都遭受了这种撞击。然而，由于地球拥有大气层、水循环、活跃的火山，还有植被，大多数的撞击证据都被从这颗行星的表面抹去了。但有时这样的证据依然暴露在那里，例如亚利桑那州的流星陨石坑（Meteor Crater），就是个很好的例子，这说明陨石坑可以保存数十亿年之久。

流星陨石坑，又称巴林杰陨石坑（Barringer Crater），位于亚利桑那州，拥有约50 000年的历史，深150米。

然而，对于那些没有活跃的气候或地质活动以掩盖证据的行星或天体，没有任何东西会覆盖这些早期撞击的痕迹，所以直到今天还能看到这些“伤疤”，月

球就是如此。我们将在下一章中详细讨论太阳系中的水星和其他天体，直到现在，它们还在视觉上提醒我们，太阳系的所有天体共同经历过一段狂暴的历史。

如今，月球既没有生命，也没有大气层，但这并不意味着科学家和未来探险者对它没有兴趣。月球的矿物储量丰富，或许在地层深处还有大量的水。我们现在所了解的只是皮毛而已。

对于月球的研究，取决于未来的政治风向，在接下来十年左右的时间里，政府机构可能会也可能不会将更多的人送上月球。也许月球上的矿物或者水资源，将来可能是足够的诱因，促使私营部门前往月球。有一件事是确定无疑的：长久以来，月球一直是让我们着迷的事物，而且对于我们这些喜欢在梦想中追逐它的人，它仍将是我们的梦想。

寻找系外行星

人们有时会争论我们的太阳系到底有八颗行星还是九颗行星，答案取决于我们要不要把冥王星计算在内。然而它可能很快就要成为一个无法定论的问题了。因为我们在太阳系外找到的行星数量正在增加——而且增加得非常快。

根据最新的数据，我们的太阳系外有数百颗已经得到确认的行星，还有数千颗带有“候选”标签的疑似行星（这意味着科学家需要更多数据才能确认它们是什么）。第一颗环绕类太阳恒星的系外行星发现于 1995 年，从那以后，发现更多和不同种类的行星就成了一场激烈的竞赛。到目前为止，许多被发现的系外行星都是尺寸相当于木星甚至更大的巨行星。这并不一定意味着大型行星是宇宙中的主流——只是我们目前的技术水平让我们更容易发现大型行星。

在寻找系外行星时，天文学家使用了一种聪明的技术，并不直接观察这些行星。相反，他们观看的是行星环绕的恒星，并寻找这颗恒星因为引力作用而经历的轻微拖拽。可能需要数年稳定观察和精心分析才能发现这些微小的引力效应，但这种技术已经被证明非常有效。然而，这种方法偏向于只发现那些最大的系外行星，因为相对而言它们拥有最大的引力效应，让天文学家有机会在所有数据中找到它们的信号。

在过去的几年里，出现了另一种能够让天文学家观察太阳系之外世界

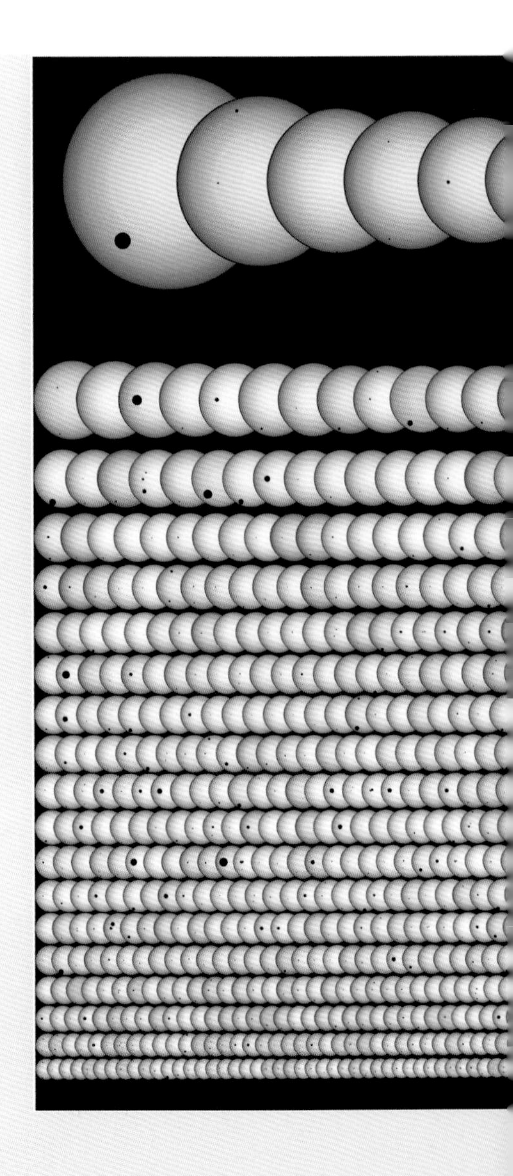

我们的太阳

我们旅程的下一站是另一个每天都挂在天空中并且极为重要的天体：太阳。在广阔无垠的太空中，最经常被忽略的一个事实可能就是，太阳其实是一颗恒星。我们对太阳怀着特别的亲切感，是有充分理由的。每天都在天空中升起和落下的这个发光的球体决定着人类的存在与否。毕竟，如果没有来自太阳的光和热，我们就无法在地球上生存。

然而，在欣赏太阳这颗恒星是多么壮丽的事物这方面，我们做的或许还不够。从地球看过去，太阳就像是个平淡的黄色圆盘。

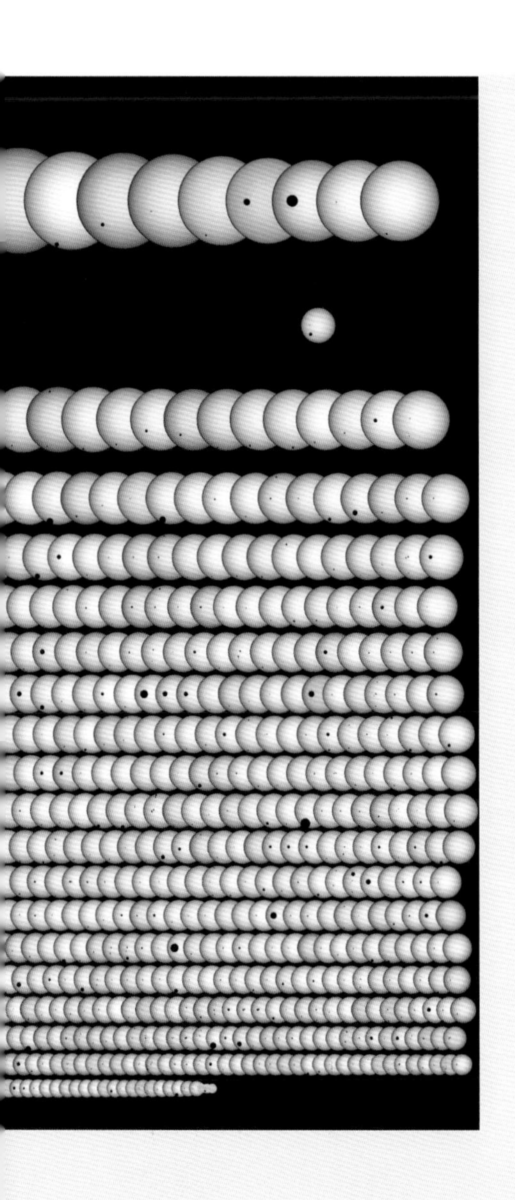

的可靠方法。“凌”指的是一个天体从另一个天体前方经过的现象（你也许听说过 2012 年 6 月的“金星凌日”现象）。将这种现象应用于寻找行星，意味着当行星从它环绕的恒星前方经过时，天文学家能够观察到恒星发出的光有轻微的减弱。NASA 开普勒太空望远镜退役前，一直在使用这种凌星技术寻找新的行星。

虽然我们还没有找到和地球完全类似的行星，但搜寻还在继续。截止到 2019 年 1 月 3 日，NASA 系外行星科学研究所（ Exoplanet Science Institute ）的网站上公布了已经确认处于“宜居带”内的太阳系外行星数目为 78 颗。“宜居带”(Habitable Zone, HZ) 是指一颗恒星周围的一定距离范围，液态水可以存在。液态水被科学家认为是生命存在所不可缺少的元素，因此如果一颗行星恰好落在这一范围内，那么它就被认为有更大的机会拥有生命或至少拥有生命可以生存的环境。

这张插图展示了开普勒望远镜拍摄的一系列候选行星（黑点）从它们的母恒星前方经过时的照片。这些母恒星是按照尺寸从最大（左上）到最小（右下）排列的。有些恒星有不止一颗行星从它们前方经过。为了便于对比，我们的太阳以和其他母恒星同样的比例进行缩放；见位于右上方第一排下面那颗孤独的恒星。以太阳为背景，照片中显示出了木星和地球的剪影。

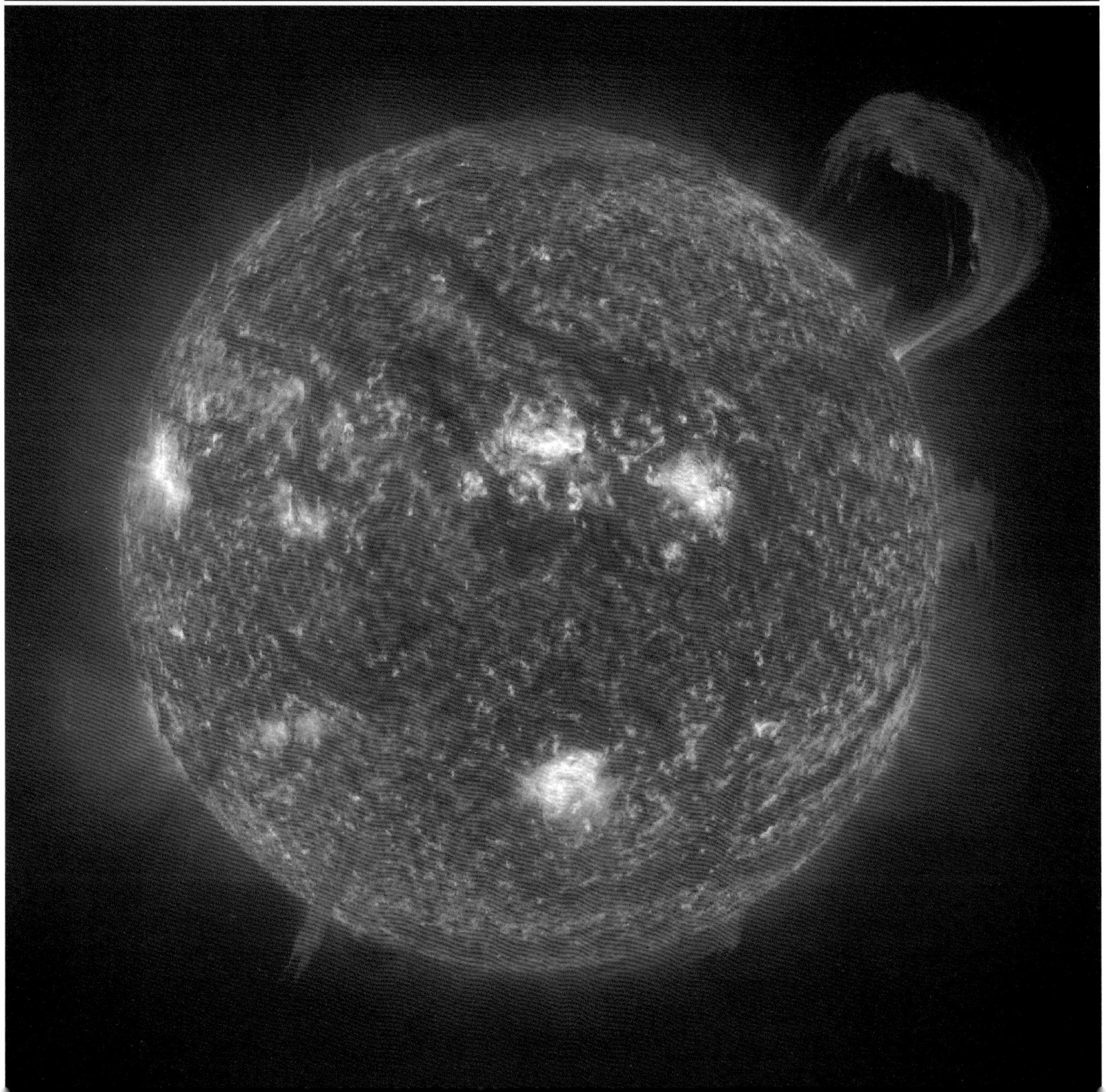

左图·上：这张照片是从国际空间站拍摄的地球上的日出。

左图·下：NASA 与欧洲航天局（ESA）合作运行的太阳神子午观测站（SOHO）在 1999 年为太阳拍摄了这张壮观的肖像。出现在右上方的是一个巨大的把手状的日珥。像这样的日珥可以延伸数千千米，持续数月之久。

然而，现代望远镜为我们提供了极其有力的视觉证据，证明太阳绝不平静。事实上，太阳是一团狂暴的超热气体，而且它向外辐射的许多射线是我们用肉眼永远看不到的。

在全新光线下观察太阳

在这里，我们上一章所谈论的关于颜色和光的内容开始变得有用起来。还记得一个物体会释放许多不同种类的光吗？让我们用无线电波、红外辐射、紫外线和 X 射线来看看我们的恒星——太阳。

太阳是天空中最明亮的无线电波来源。在这些图片中（下图），最活跃的区域是更明亮更白的区域。在这张无线电波图片的右下角，你可以看到一小片抛射出的气体，那里的温度高达数百万度。红外线图像中颜色较深的区域是气体温度更低、密度更大的地方。紫外线图像展示了更多的高能耀斑和日冕物质抛射。在 X 射线图像中，可以看到冕环和冕流。颜色较深的区域温度较低，气体相对不活跃。这些都是太阳的图像，它们只是展示了用各种类型的光所观察到的不同特征。

下图：无线电波、红外线、紫外线和X射线下的太阳。

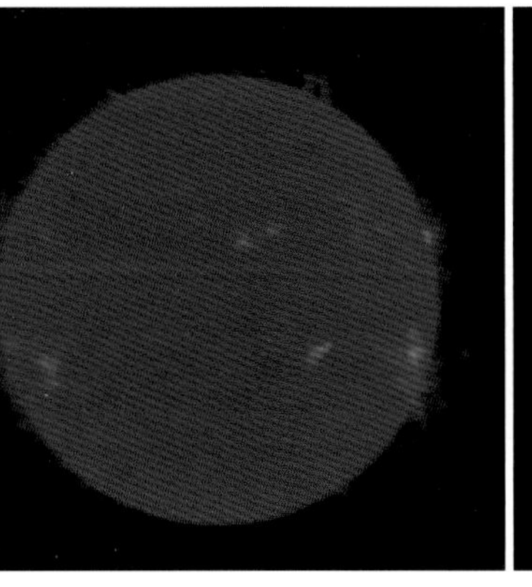
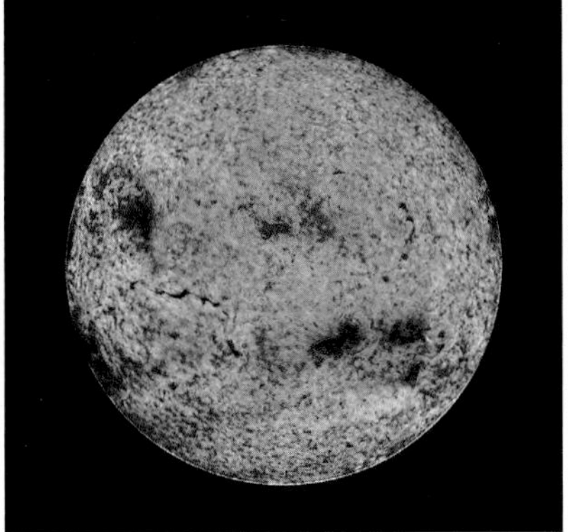
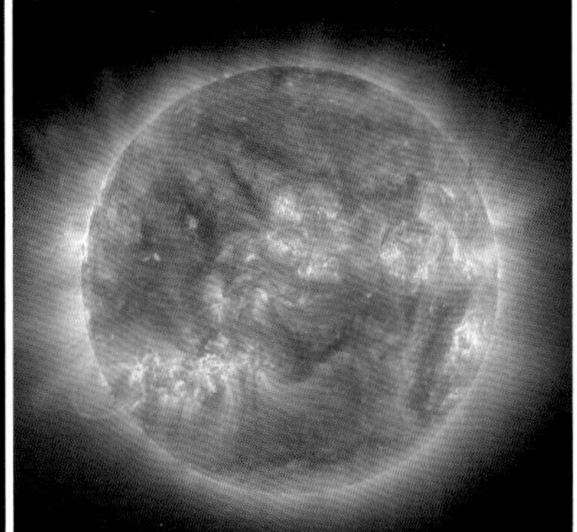
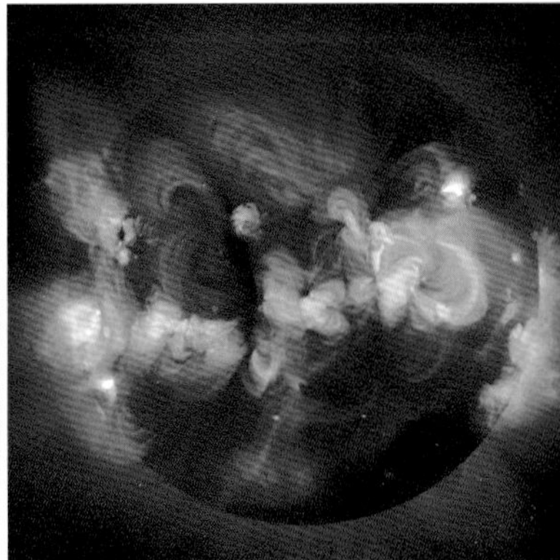

太阳上的天气频道

太阳上也有天气现象，这也许会让你感到惊讶。太阳天气——或称太空天气——与地球上的天气不同，也就是说，没有雨，没有雪，也没有雨夹雪。相反，太阳上的天气来自热等离子体的巨大触手和从太阳表面延伸的磁场间的作用。

这会导致巨大的带电粒子风暴从太阳上喷发出来。这些太阳风暴可以影响到数百万千米之外，包括地球及其大气层。如果这样的风暴拥有足够大的能量，它甚至能中断我们的卫星传输，上演一出壮观的光表演，名为极光（在北半球被称为北极光，在南半球则为南极光）。

左图·上：太阳表面活动的特写镜头。

左图·下：一些太阳风暴会产生极光，在北半球被称为北极光。

下图：这是以前太阳活动极大期时拍摄的太阳紫外线图像，摄于 2002 年 2 月 22 日。

太阳是不断变化的：太阳活动极大期

太阳是一个不断变化的球体。它每时每刻都在发生着运动，而且它表面的风暴影响着数百万千米之外的太空区域。

除了这种每天都发生变化的活动，太阳还有更大的活动周期——实际上，这个周期长达 11 年。在这个周期内，太阳的磁极会发生颠倒：磁北极会变成磁南极，反之亦然。这种磁极颠倒会导致太阳活动（包括风暴和抛射物）数量的增加。在这样的太阳活动极大期，人们的移动电话和卫星电视可能会出现更多小毛病或断电。如果你在出现这些毛病时寻求技术支持，你的服务供应商可能会建议你和太阳沟通一下。

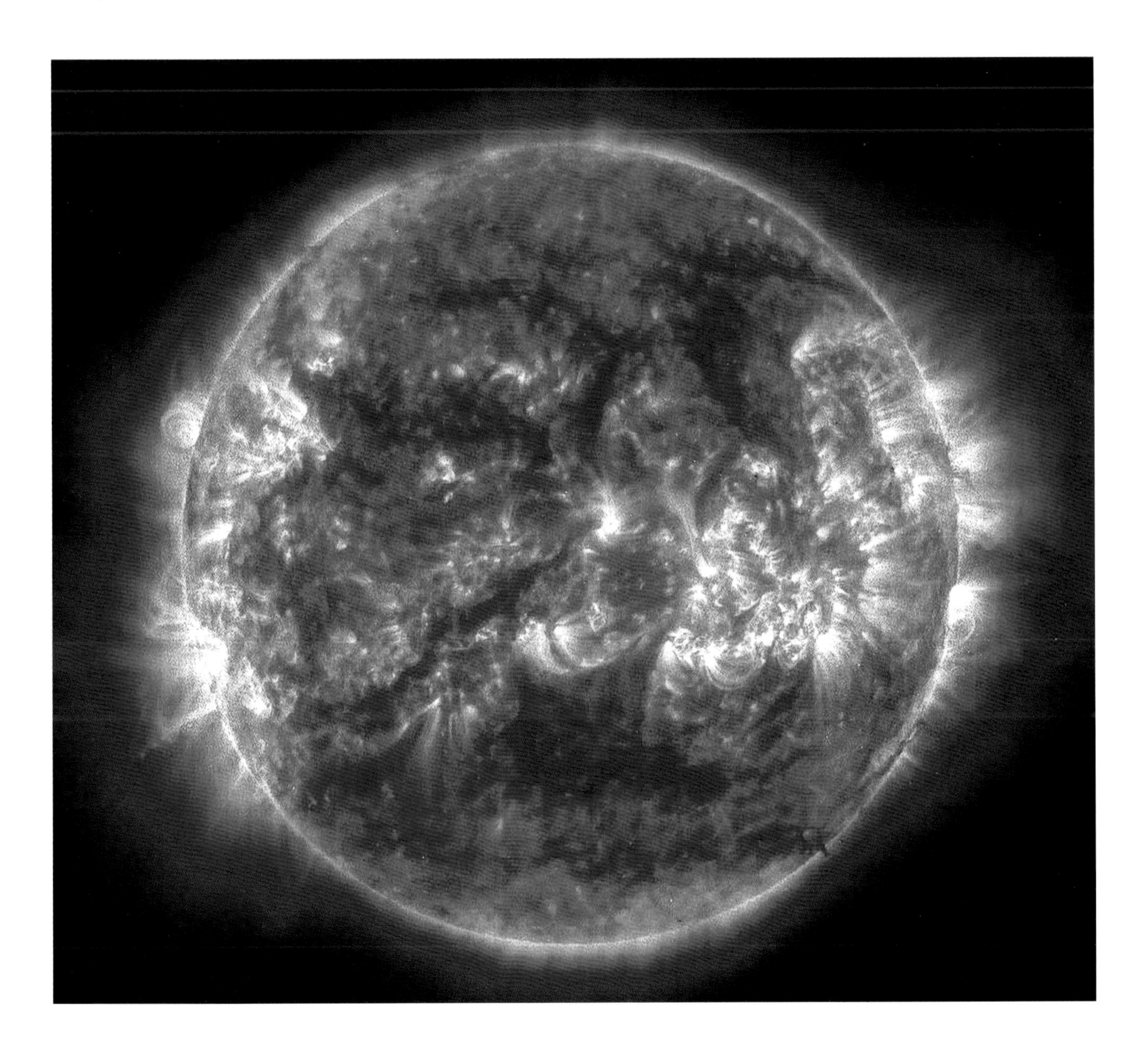

关于太阳和月球的一些事实

- 布满凹痕的月球在视觉上提醒我们，太阳系的所有天体共同经历过一段狂暴的历史。
- 距离我们最近的恒星，太阳，是太阳系中最大的天体，占据了太阳系中 99.86% 的质量。
- 太阳非常活跃，但很暴躁。

宇宙尺度上的距离

当地球在围绕太阳的轨道上旋转时，它与太阳之间保持着大约 1.5 亿千米的平均距离。每 365.25 天，地球绕太阳一圈，也就是说每年一圈（就是因为这多出来的 1/4 天，我们才每四年在 2 月底增加一个闰日，从而让日历保持平衡）。

既然聊到了这个话题，不妨利用这个机会探讨一下宇宙距离这个令人费解的概念。在谈论太空时，我们所遇到的距离是难以想象的，其广阔程度远超寻常思维的理解。到目前为止，我们谈论了我们在宇宙中的两个最有名的邻居：月球和太阳。它们和我们的距离分别是数十万和上亿千米，听上去很是遥远。

从某些方面来说，它们的确很遥远。但是在另外一些情况下，它们甚至都没有离开我们的宇宙后院。宇宙中的许多天体距离我们非常遥远，遥远到天文学家大多数时候会放弃我们在地球上使用的距离单位——千米——转而使用专门的距离单位。

有一个单位是天文学家经常提到而且我们也将在本书中使用，它就是光年。它看上去似乎是个时间单位，但却是个货真价实的距离单位。一光年是光在一年的时间里传播的距离，也就是大约 10 万亿千米。10 万亿是一个 10 后面跟着 12 个“0”！

这到底是怎么回事？假设你可以在 15 分钟之内正好走完 1.6 千米，不多不少。如果你说你走了 15 分钟，那么就可以自动理解为走了 1.6 千米。

在这幅图中，我们的地球是左下角明亮的白点，而月球是地球右侧较小的白点。当 NASA 的“信使”号探测卫星 [MESSENGER，“水星表面环境、地质和遥测”(Mercury Surface Environment, Geochemistry and Ranging)] 在 2010 年 5 月拍摄这张照片时，地球与这枚航天器之间的距离是 1.83 亿千米。相比之下，地球与太阳之间的平均距离是 1.5 亿千米。

30 分钟的步行距离相当于 3.2 千米，以此类推。通过这种方式，时间单位（分钟）变成了距离单位（千米），因为在这种假设条件下，步行速度永远不变。

这就是光年的工作原理，正如我们在上一章提到的那样，光的速度是恒定不变的。实际上，光速恒定不变是物理学最基本的概念之一（爱因斯坦确立了这个概念）。许多年来，人们一次又一次地测试，光速恒定这一简单的事实从未被推翻。如果你想计算一番，就会知道光每秒钟传播的距离大约是 299 660 千米。这个速度非常快。地球上最快的陆地动物猎豹只能达到每小时 113 千米。

当我们探索比月球和太阳更远的天体时，很快就会明白天文学家为什么要设计这样与众不同的距离记录方式。例如，除了太阳之外，距离我们最近的恒星是比邻星，它距离地球大约 4 光年。这个距离换算成千米也许还可以接受：大约 38 万亿千米。但如果你认为还有相对较近的地方，例如银河系的中央，那里距离地球 26 000 光年，换算过来就是 250 000 000 000 000 000 千米。要记录的零实在是太多了。

所以对于月球和太阳距离地球有多远，你可以使用我们熟悉的千米为单位，你也可以习惯一下太空探索的惯例，将地球与月球间的距离换算为大约 1.3 光秒（光在 1.3 秒内的传播距离），而地球与太阳的距离稍短于 500 光秒，大约 8.3 光分。在本书中，我们将用光的传播时间表示太空中所有的天体距离，也就是光秒、光分或光年。在影像画廊中列出的天体，标题旁边都有这些标注信息。

在下一章，当我们前往太阳系的其他天体时，在宇宙工具箱中纳入“光年”的概念会是一件非常方便的事情。请记住，对于太阳系中的其他天体，我们将在这本书中使用它们和太阳之间（而不是和地球之间）的平均光传播时间。之所以这样做是因为，太阳系中的行星——包括地球在内——都以椭圆轨道和不同速度围绕太阳旋转，所以地球与天体间的距离取决于每个天体在轨道上的位置。而在确定太阳系中的行星和其他天体的距离时，太阳是更好的基准点。

一次月食，1.3 光秒

正如这张延时摄影照片所显示的那样，当月球从地球的影子中掠过时，就会发生“月食”。在月食过程中，光——主要是红光——被地球的大气层弯曲，因此只有阳光中的红色部分能够照射到月球上。被过滤出来的红光会被再次反射到地球上，于是我们所看到的月球就是红色的。

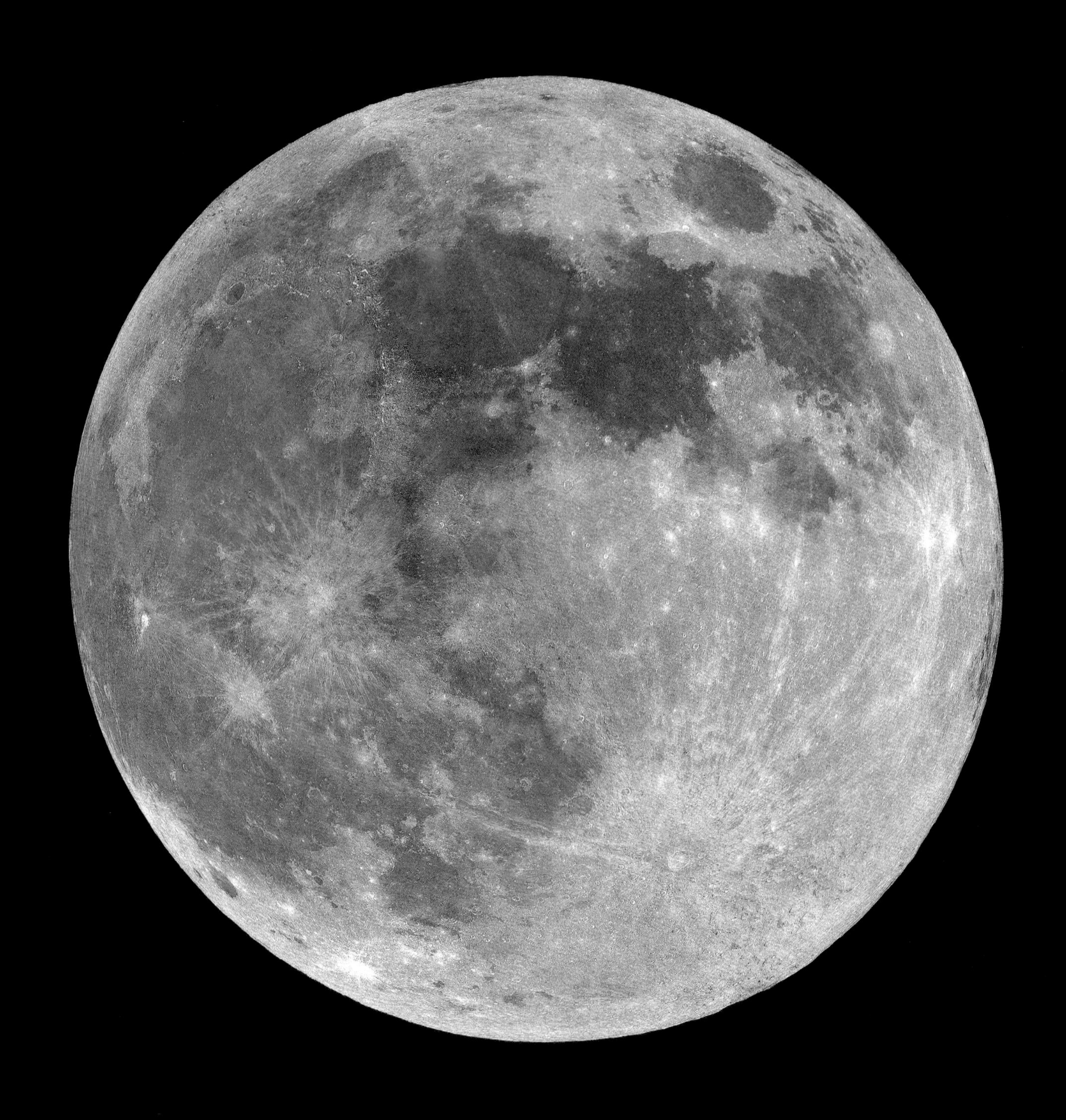

满月，1.3 光秒

这是我们所有人都很熟悉的景象，每个月都会有一次满月挂在夜空。月球景观是明亮的高地与曾经注满熔岩的黑暗的“月海”的结合，它们现在都遍布着大型的陨石坑和喷射出的放射状物质。科学家们认为，月球本身就是数十亿年前小行星剧烈撞击地球时形成的。

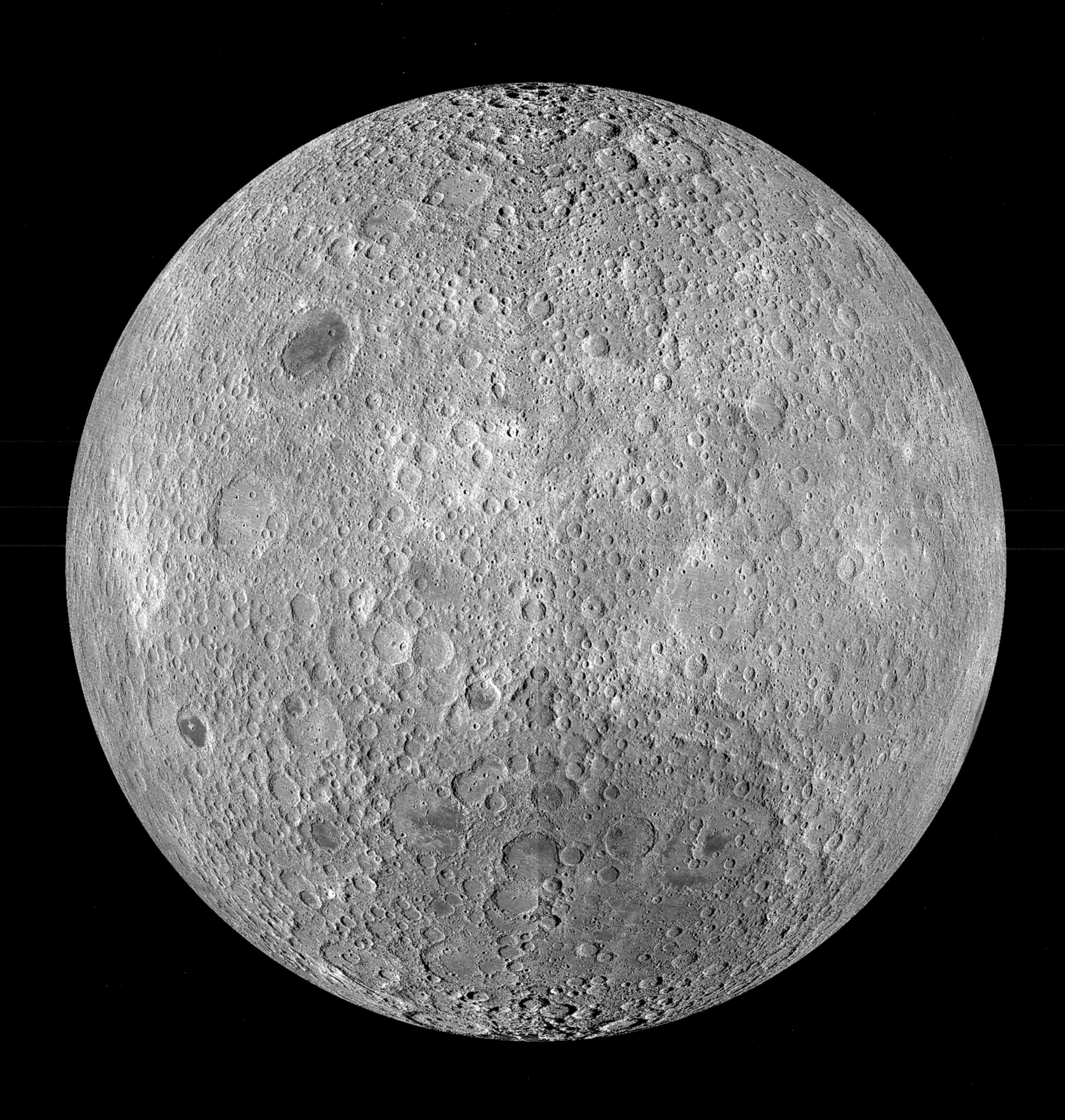

月球背面，1.3 光秒

因为月球总是以同一面朝向地球，所以一直到 1959 年，俄罗斯的一枚航天器拍摄到月球背面（或称“黑暗”面）的样子，我们才见识到它神秘的另一面。这张月球背面的图像是用 NASA 的月球勘测轨道飞行器所携带的相机在 2009 年 11 月至 2011 年 2 月拍摄的超过 15 000 张独立照片合成的。

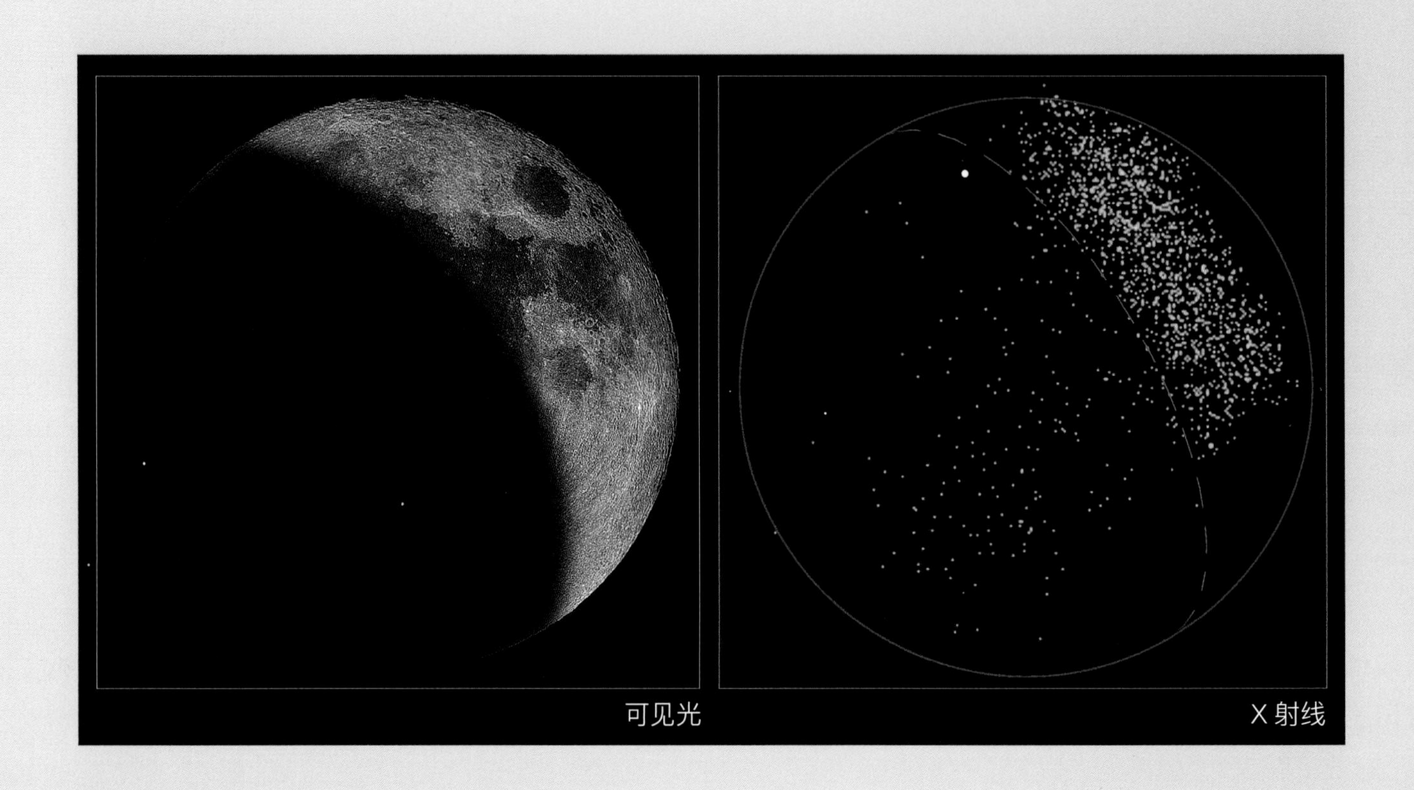

用另一种光看月球

你也许还记得，X 射线应该来自温度或能量非常高的物体。然而月球是冷的，不散发任何热量。天文学家为什么想要拍摄月球的 X 射线照片呢？因为来自太阳的光会在月球上反射，从而让我们看到月球表面的样子。这张来自 NASA 钱德拉 X 射线天文台的 X 射线照片（上图 · 右）表明，当太阳散发出的 X 射线撞击到月球表面时，会制造出氧、镁、铝和硅原子。

日全食，8.3 光分；月球，1.3 光秒；太阳，8.3 光分

日全食是一种自然现象，当月球从太阳和地球之间经过，三者恰好排列成一条直线时，月球会完全遮挡住太阳照向地球某些地方的光线。为了体验日食，有些常被称为“日食追逐者”的人几乎会跟随日食前往地球上的任何地方。正如这幅使用两张单独照片合成的图像所显示的那样，日全食发生在月球的影子挡住太阳的整个圆盘时，只剩下太阳最外面的一层（日冕）是可见的。这张日全食照片是 2006 年 3 月在土耳其拍摄的。

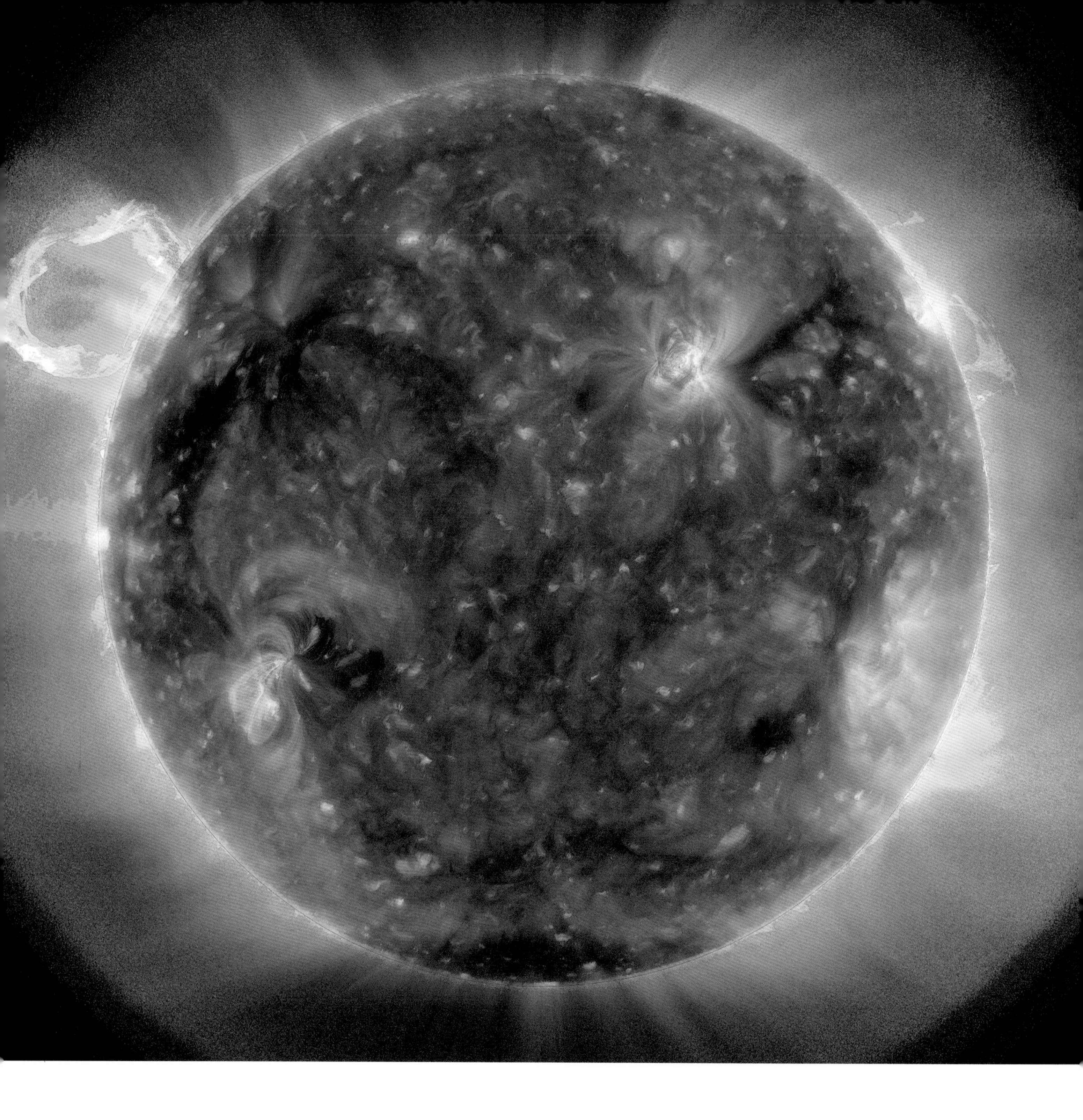

太阳，8.3 光分

当太阳上风暴肆虐时，会发射出高能量的粒子流。它们可以使地球上发生极光现象，甚至还会干扰手机信号。这幅图是使用紫外线技术拍摄的，捕捉到了太阳躁动不安的“大气层”，左上角的环状结构（日珥）在不停地改变能量区域和磁场，引发了所谓的“太空天气”。

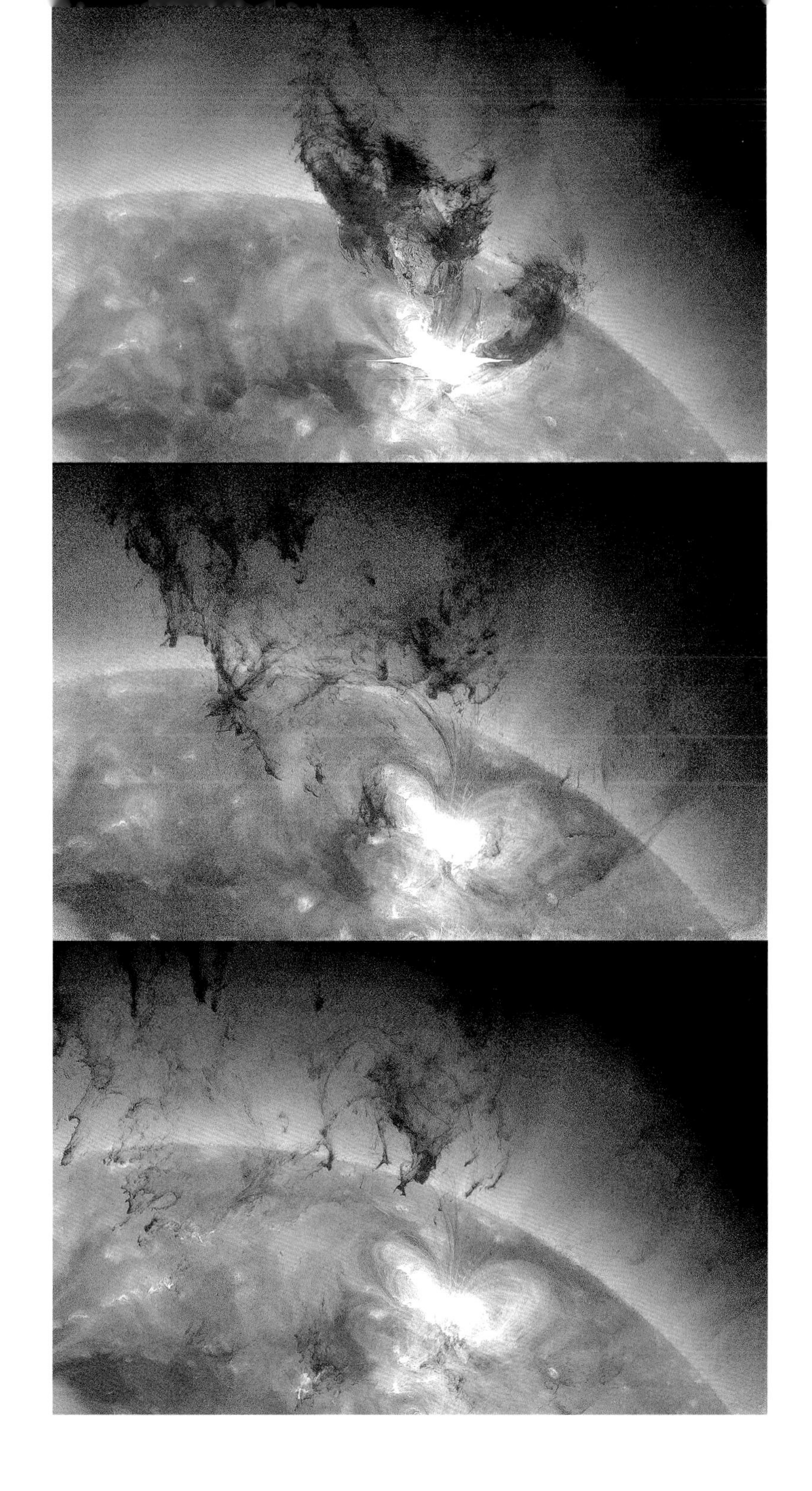

太阳耀斑，8.3 光分

这一系列太阳图像是在 2011 年 6 月 7 日拍摄的，仅仅只拍摄了 30 分钟。你可以看到一个中等大小的太阳耀斑（上图的明亮的白色区域）和从太阳表面喷发出的巨大的抛射物质（颜色较深的物质）。一大团粒子像蘑菇一样涌出来，然后落回太阳表面。这次超大规模的气体喷发看上去似乎覆盖了太阳表面的近乎一半区域。NASA 的太阳动力学天文台（SDO）在紫外线的最高谱段内记录了这些图像。

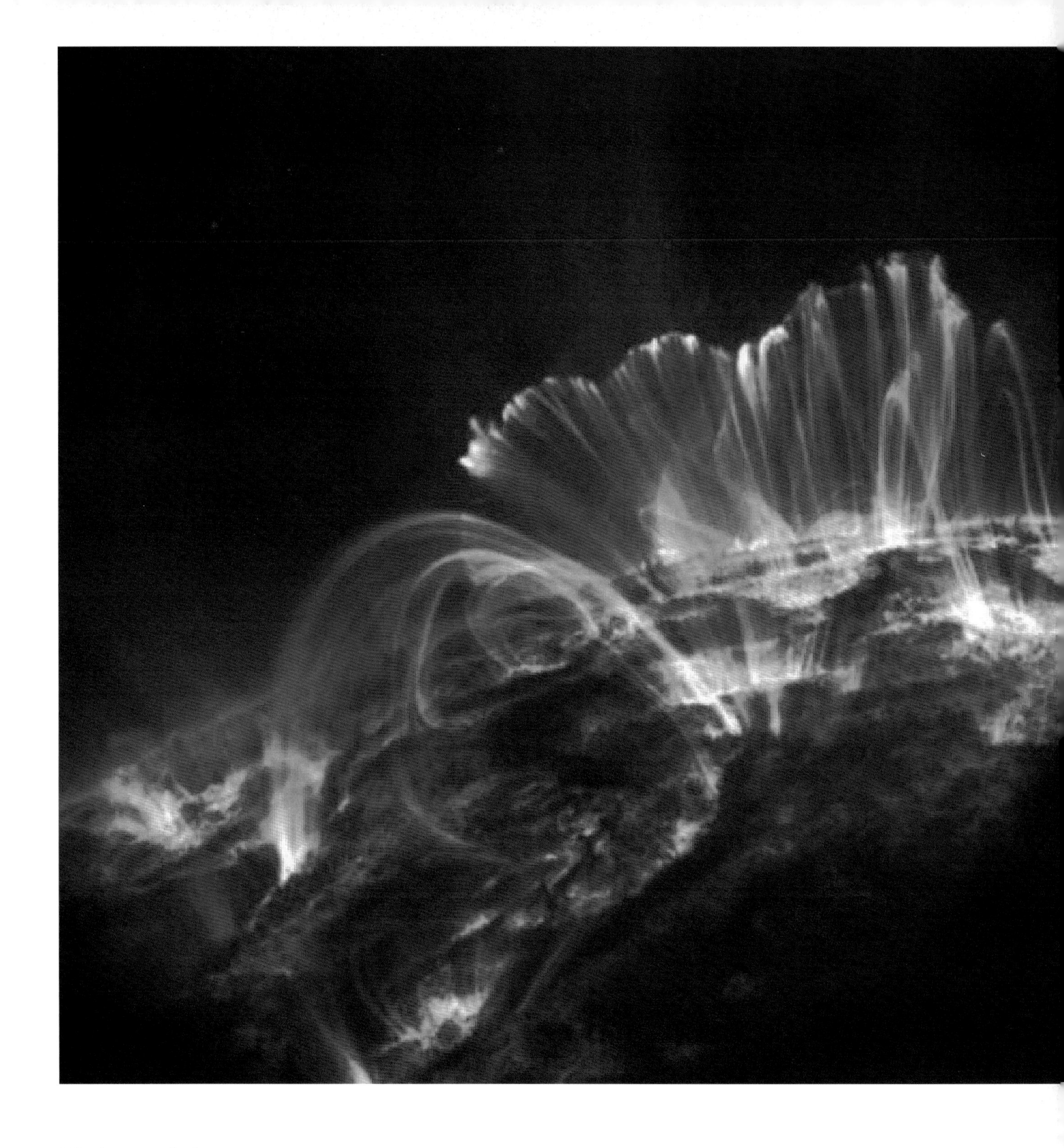

冕环，8.3 光分

这是一张太阳风暴的特写照片，与地球上的天气相比，这就像是北美大陆上的风暴放大版。太阳上任何一场规模“普通”的风暴都非常巨大，能够轻易将整个地球吞没。这些冕环既美丽又危险。这些结构是由太阳大气层中炽热的带电气体构成的。有时这些冕环会折断，炽热的气体会以“日冕雨”的形式跌落回太阳表面 。

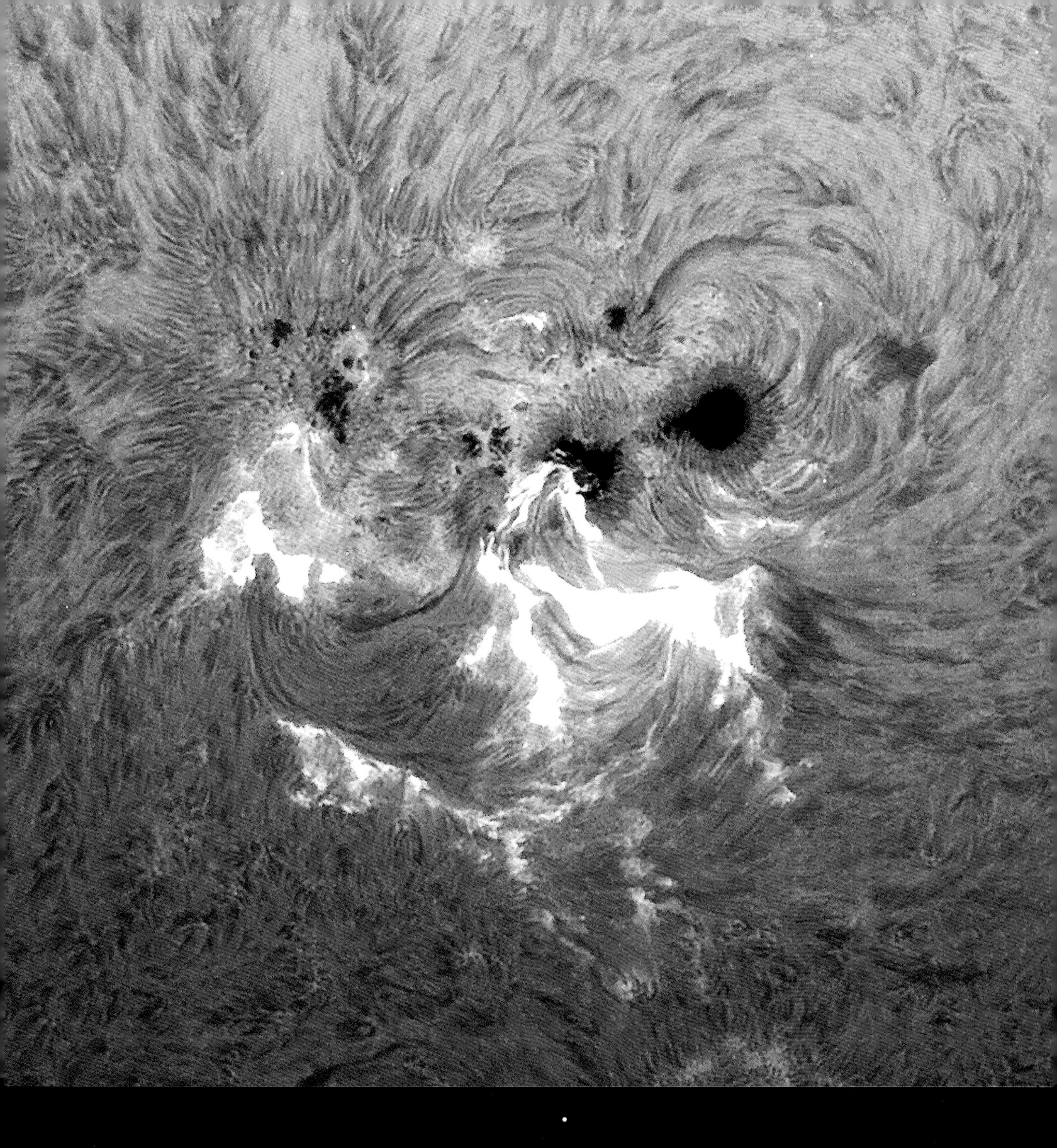

太阳黑子，8.3 光分

太阳上的这些黑色斑点是什么？它们是太阳黑子——磁场活动增加导致太阳表面温度暂时下降的区域。太阳耀斑（“色球爆发”）来自太阳黑子活动。NASA 和 ESA 合作运行的太阳神子午观测站（SOHO）记录了太阳黑子的一次剧烈爆发，爆发后抛射出的能量粒子在大约 48 小时后击中地球。这样的事件会扰乱卫星通信，但它们也制造出了地球南北半球高纬度地区的一些人能够在夜晚看到的壮观美丽的极光现象。

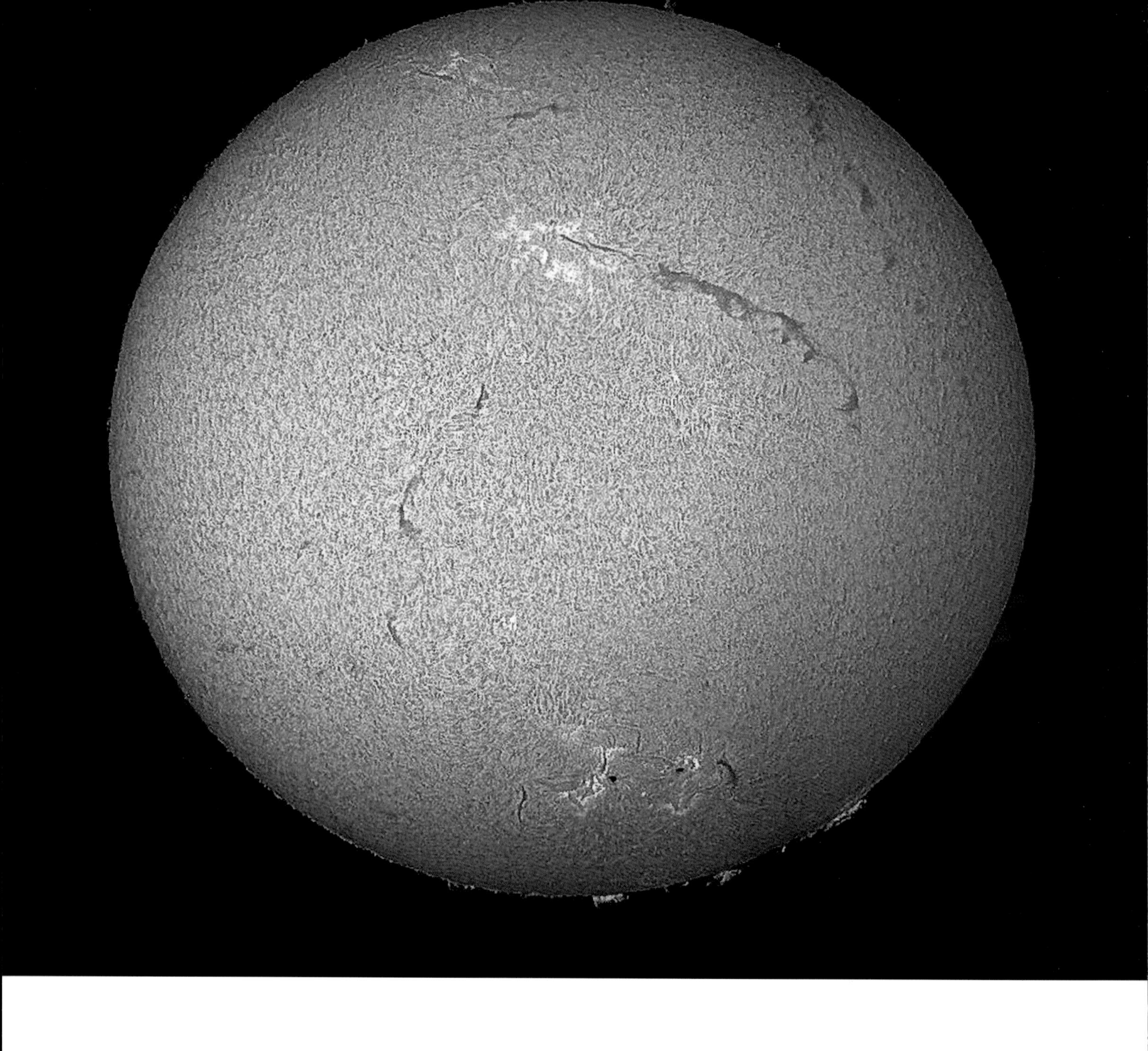

用 H-α 光观看太阳，8.3 光分

只用氢离子光（“可见”光的一小部分）观看太阳的话，我们会看到很壮观的景象。用这种方式，只有从太阳表面喷射出的气体和气体弧被观察到了。深色条纹则是从太空中看到的气柱。在这张图片的中下部，可以看到颜色较深的小斑块。它们是太阳黑子，是复杂的太阳磁场引起的表面暗淡。

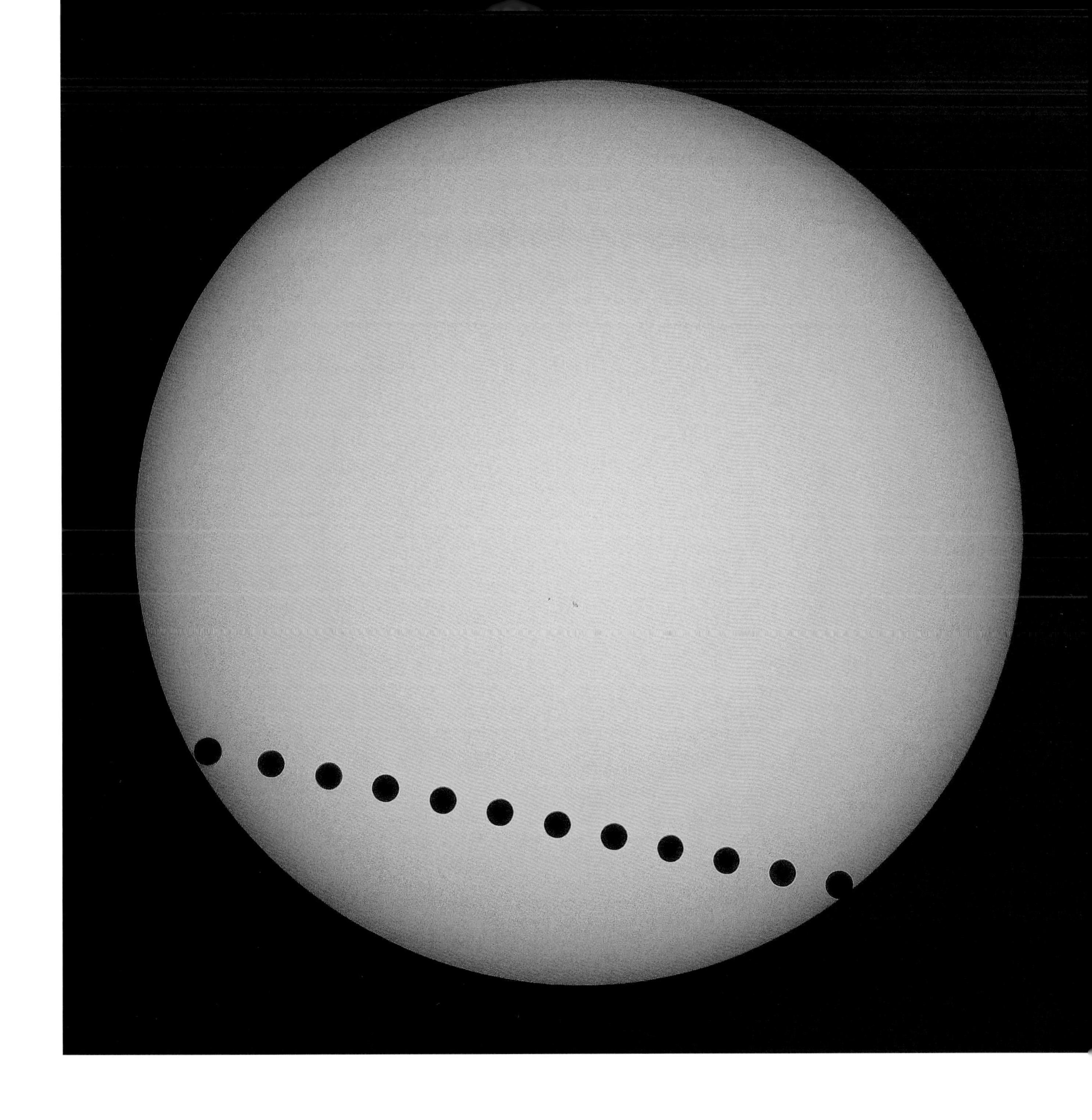

金星凌日：140 光秒（金星）和 8.3 光分（太阳）

这对天文学家来说是一次难得的享受。这张稀有而珍贵的多重曝光照片，展示了2004 年金星穿过地球和太阳时持续 5 个小时的壮观的凌日过程。金星凌日总是成对出现，彼此相隔 8 年，但是人在一生中只能碰到一对金星凌日，也就是两次（两组之间的间隔有 100 多年）。例如，最近的两次金星凌日发生在 2004 年和 2012 年，如果你错过了这两次，就只能等到 2117 年和 2125 年。对我们而言，金星是最熟悉的空中景象，它是日落后或日出前天空中的那个明亮的小点。

第 4 章
太阳系天体

太阳系从不为自己的名声感到焦虑。

——拉尔夫·瓦尔多·爱默生（Ralph Waldo Emerson）

到目前为止，我们已经去过了一些相对熟悉的地方：地球、月球和太阳，这些是我们的第一批目的地。既然我们已经考察了“本土”的景点，现在是时候去稍微远一点儿的地方了。太阳系中还有很多可以探索的地方，它们相当于我们在宇宙中的邻居。当我们在自己的宇宙街区里漫步时，有些地方包括水星、金星、地球、火星、木星、土星、天王星、海王星，以及冥王星（如果你还把冥王星当作行星的话，这个问题我们将在后面谈论）等行星很值得停留。

除了这条热门路线之外，太阳系也有其他很棒的景点。例如，太阳系的大多数行星都有沿着轨道围绕它们飞行的卫星，最有名的就是我们在上一章讨论过的

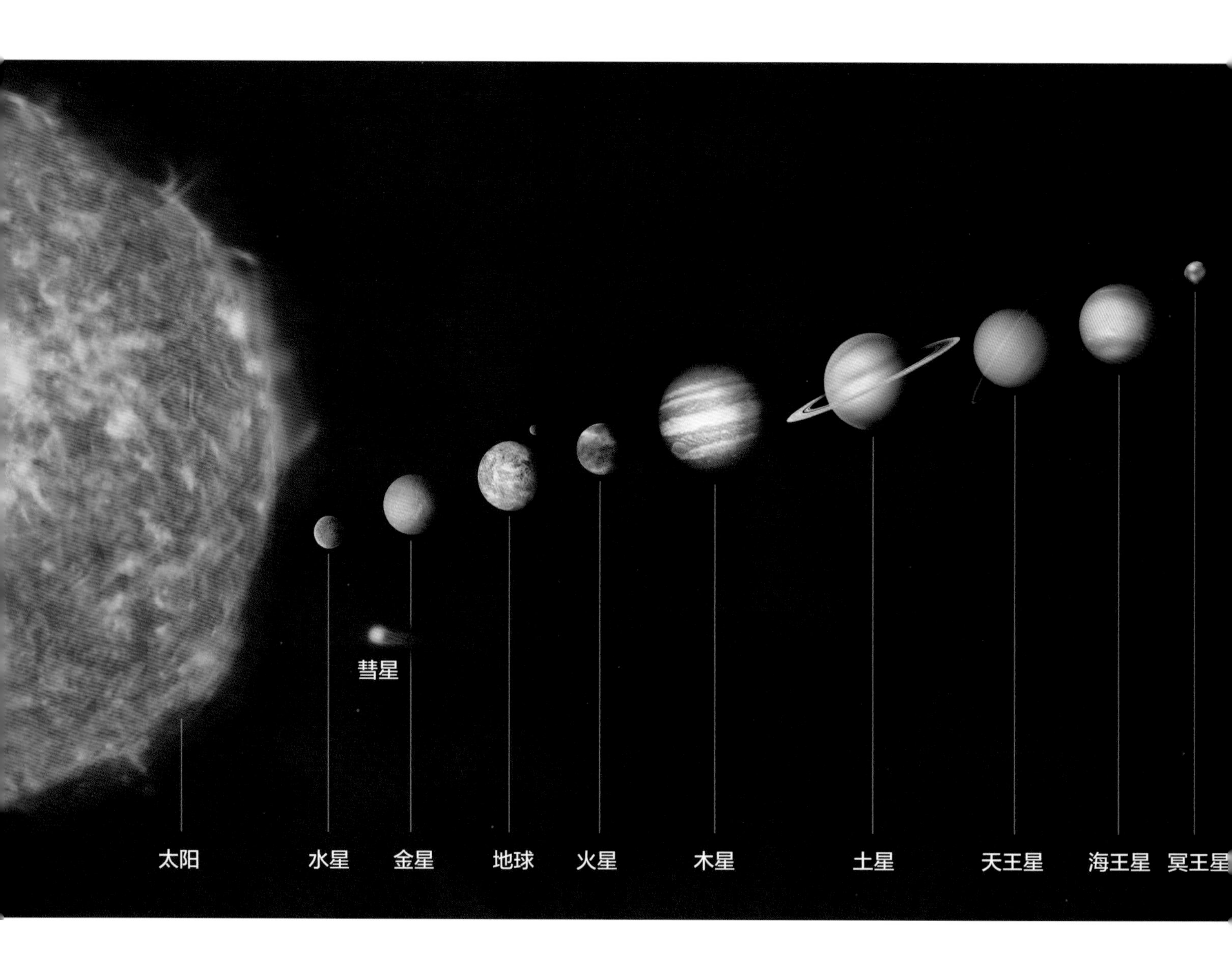

这幅插图展示了太阳系中行星的顺序。它们不是按同等比例缩放的，这样才能让所有列出的天体都能被看到并且全部显示在同一页上。

P74–75 图：它看上去或许像是我们熟悉的日落景色，但这场日落不是在地球上拍摄到的。2005 年，NASA 的火星探测器“勇气”号拍摄到了这张火星上的日落照片，当时它正在火星上遥望西边的天空。虽然火星探测器所提供的视角很像我们在地球上观看到的，但那的确是数百万千米之外的另一个世界。

地球的卫星——月球。然而地球只有月球一颗卫星，这可能是个例外。有些行星，比如木星和土星，实际上有几十颗卫星围绕着它们运行。

正如我们之前所讨论的，月球现在已经不活跃了。然而，其他行星的一些卫星是充满活力并且还在不断演化的。有的卫星拥有液态甲烷的“海洋”，有的卫星其冰冻表面可能覆盖着水体，等等。回想一下我们在第一章探索的那些地球上的极端环境。显然，这些卫星上存在着非常相似的环境，它们可能是寻找地外生命的最佳候选地点。

除了行星和它们的卫星，太阳系中在火星和木星之间还有一个小行星带，人类在将来也许能够造访那里。星际间的闯入者被称为彗星，在绕太阳飞行的过程中，它们有时会接近地球。在这一章，我们将在太阳系内的许多临近天体上短暂停留，看一看它们能让我们收获些什么。

内行星

太阳位于太阳系中央的位置决定了围绕它的行星的许多特性——因为这些特性在很大程度上取决于行星距离太阳的远近。离太阳最近的四颗行星——水星、金星、地球和火星——恰好位于小行星带的内部，通常被统称为“内行星”。

水 星

水星是离太阳最近的行星，平均距离仅有 5 800 万千米。从天文学的角度来看，这并不是一段很长的距离。实际上，这么近的轨道则意味着水星大约每 88 天就会绕太阳一周。换句话说，水星上的一年还没有地球上的三个月长。

水星的外貌看上去有点像我们的卫星月球——充斥着陨石坑和平滑区域。虽然肉眼看不出来，但水星是一颗极端的行星。在朝向太阳的一面，表面温度可飙升至 427℃。想象一下我们厨房里的烤箱通常在 260℃的高温下烹饪，由此可见水星上的白天可真是够热的。

在这张水星图片上，可以看到有很多长长的条纹从顶端的一个陨石坑向外辐射出来。从陨石坑向外辐射的这些“射线”可绵延 1 000 千米。这些射线是陨石撞击水星时，将水星表层下的物质从陨石坑中挖掘出来并向外抛出形成的。随着它们暴露在严酷的太空环境下，像这样的射线会随着时间的流逝而消退。拥有明亮射线的陨石坑应该比较年轻，因为射线仍然可见。

金 星

金星是距离太阳第二近的行星，而且是太阳系中距离地球最近的行星。金星的体积和质量稍逊于地球，目前拥有活跃的火山、山脉和河流（火山熔岩流产生的沟渠）。金星过去很可能拥有液态水的海洋。

然而，现在的金星看起来并不像我们想居住的地方。它浓密的大气层主要是由二氧化碳构成的，大气层将这颗行星从太阳那儿接收到的热量牢牢锁在内部。在某种程度上，金星的问题和水星正好相反，水星留不住太阳的热量，而金星是留住的热量太多了。这种“温室效应”对金星的影响是毋庸置疑的：它的表面热得不可思议，高达 482℃。在这样的酷热下，任何像地球那样的海洋，早就蒸发得不见踪影了。

有证据表明，金星在年轻时很可能拥有液态水——地球上产生生命必不可少的因素。某些科学家推测，单细胞生物实际上能够在金星如今虽严酷但稳定的大气层中生存。

金星的一个独特之处是，它是逆时针自转的。太阳系中的其他行星（包括地球）全都是顺时针自转的。这意味着站在金星上的人会看到太阳从西方升起，在东方落下。为什么金星的自转方向这么奇怪? 一种解释是，它在早期受到过一系列大型天体如小行星的撞击。这些撞击可能产生了足够大的推力，一举改变了整个行星的自转方向。

地 球

太阳系中的下一颗行星是我们的地球。虽然我们已经谈论过地球了，但还需要再补充两件让地球如此特殊的事情。正如所有的房地产一样，最重要的永远是位置，位置，位置。地球的位置恰到好处——距离太阳不太远也不太近。地球拥有足够多的热量，得以产生液态水（这对我们人类来说非常重要），但热量又不至于太多，不至于将水分全部蒸发掉了。

将这种适宜的温度范围与厚厚的大气层（含有氧气等好东西）、保护我们免遭有害辐射和太空陨石残骸伤害的活跃磁场结合起来，结果证明地球是太阳系中最令人满意的安居之所。

2007年，NASA的“凤凰”号(Phoenix)火星探测器在火星的北极平原着陆，研究富含冰的土壤中的水的历史和潜在的可居住性。“凤凰”号证实了火星地下存在水冰，并发现了碳酸钙，这说明这颗星球在过去并不像现在这样“酸”(更宜居)。“凤凰”号甚至观察到了雪从火星大气层中的云端飘落下来的景象。

火星

火星是我们另一侧的邻居，距离太阳更远。数十年来，火星一直是科幻小说和实际科学探险共同关注的焦点。20 世纪 70 年代进入环火星轨道的“维京”号卫星发回了大量关于火星这颗一直被我们称为“红色星球”的信息，其中一些数据表明这颗行星在过去的某个时候可能拥有液态水。

NASA 在 2004 年以壮观的方式重返火星，将名为“勇气”号和“机遇”号的两辆火星探测器安全着陆在这颗行星的表面。按照计划，这两个勇敢的机器人能够运行大约 6 个月。然而它们两个都持续运行了 6 年多，其中一个探测器直到 2012 年还在向地球发回科学数据。

这些探测器表明，“维京”号发现的结果不过是冰山一角。“勇气”号和“机遇”号发现了更多的关于水的证据，并发现了火星岩石和尘埃中存在的重要矿物质，还让我们见识到了此前从未见到过的火星风光。火星探索活动的最新进展是火星科学实验室在 2012 年 8 月抵达火星。这枚航天器携带着“好奇”号探测器，它的大小相当于一辆迷你库珀。相比之下，“勇气”号和“机遇”号却只相当于一辆高尔夫球车，这意味着“好奇”号能够携带更多的科学设备，而且应该能够比它的前辈走得更远。

小行星带

“小行星带”这个术语或许会让人想起《星球大战》(Star Wars) 中的场景，影片中的小行星带是个躲避坏人的好地方；而对于游戏爱好者而言，这会让他们想起 20 世纪 80 年代的一款电子游戏。无论联想到的是什么，一个货真价实的小行星带就存在于太阳系中！

这一大群小行星分布在火星和木星之间。小行星带大约一半的质量来自四颗最大的小行星，其中每一颗的直径都超过了 322 千米。其余部分是由尺寸不一的较小的岩石组成。小行星带的存在可以追溯到太阳系本身的形成。这个地方可能正在试图形成一颗行星，但火星和木星之间的引力拉锯战阻止了新的行星的形成。于是该区域变成了岩石遍布的行星墓地。因为其中含有太阳系初期形成的物质，所以科学家非常想研究这些小行星，它们是我们宇宙历史上的重要遗物。派遣探测器（将来或许是宇航员）前往这些小行星并探索其矿物质和其他重要资源的计划正在制定当中。

这幅图展示了一条布满岩石和尘埃碎屑的狭窄的小行星带，围绕着一颗类似太阳的恒星旋转的情景。

外行星：气态巨行星、冰态巨行星

木 星

在我们逐渐远离太阳的旅程中，下一个目的地是木星，太阳系中最大的行星。木星是如此庞大，它的质量是所有其他行星质量之和的两倍。

我们地球人很难理解木星到底有多大。对于大多数人来说，只有在我们能够用身边真实的参照物进行比较时，才能理解事物的大小。例如，落基山脉和阿巴拉契亚山脉相比，似乎非常庞大，但是如果你领略过喜马拉雅山脉就会觉得它很小。

在宇宙中保持对尺度的感觉是一件很难的事，因为我们很快就会丢失用于比较的框架。我们对地球的大小也许有些感觉，因为我们研究过地图或者曾经坐飞机飞跃过某些区域。我们或许可以利用这些信息来想像一下木星有多大：100 多个地球，都可以装进木星里。如果你有弹珠的话，尝试一下将 100 个弹珠放进一个玻璃碗。你会发现你需要一个相当大的碗。简而言之，木星是一颗很大很大的行星。

下图：展示了地球相对于气态巨行星海王星、天王星、土星和木星来说，真实的体积到底有多大。

木星和我们此前谈论过的任何行星都极为不同，不只是因为它庞大的体积，还因为它的成分。与大部分是固体物质（岩石外壳、液态中间层和铁核心）的地球不同，木星几乎全部是由气体构成的。

科学家有时将木星称为迷你“太阳系”，因为它拥有众多环绕它飞行的卫星，拥有一个大型磁场，而且自己所产生的热量比从太阳光中得到的热量还多。

关于木星的一个有趣的事实是，一场风暴在它的大气层中已经肆虐了至少400年。这场风暴被称为“大红斑”，而且它的大小（大约是地球的3倍）和持续时间足以让我们对地球上最多只持续几天的风暴充满感恩。

作为太阳系中最庞大的行星，木星拥有几十颗卫星和一个巨大的磁场——在结构上类似一颗恒星，但没有大到足以燃烧起来。这颗行星的漩涡状云条纹被巨大的风暴打断，如出现在这张图片中右区域的“大红斑”，它已经肆虐了数百年之久。木卫二在图上的中左区域投下阴影。

土星

土星或许是所有外行星中最具辨识度的，在它的腰部环绕着一个令人惊叹的环系统。如果你用小型天文望远镜观察土星，这颗行星看上去就像是从麦片包装盒上切下来的印着卡通条纹的纸板。然而，通过地面上或者太空中的大型专业望远镜观察土星及其环，就能看出这颗带环行星是多么值得一看。

土星的环在土星表面投下自己的影子。这张照片是NASA的“卡西尼”号拍摄的，当时这枚航天器与土星相距约100万千米。

400多年前，意大利的天文学家伽利略·伽利雷（Galileo Galilei）用一台小型望远镜首次观测到土星的环，土星的环本身就是一个奇迹。这些环的总宽度达到8万千米。这相当于地球直径的6倍。虽然土星环如此之宽，但它们却薄得不可思议，平均高度只有10米。

土星的环是由无数大小不一的小颗粒组成的，小至一颗尘埃，大至一块圆形巨石。虽然还存在争议，但许多科学家认为此环是在数十亿年前一颗差点儿成为卫星的天体与土星相撞后形成的。他们认为这颗在劫难逃的卫星被撞成了粉末，其残骸最终散落到了环绕土星中心的轨道上。

寻找生命

人类提出的最基本的问题之一是：宇宙中只有地球上有生命吗？关于太阳系内外是否存在其他生命形式的问题，目前仍然没有定论，但这并不意味着科学家们放弃寻找更多的证据。在太空中搜寻生命的时间最长的项目之一是“搜寻地外文明计划”（Search for Extraterrestrial Intelligence，SETI）。SETI 计划包括两三个不同的项目，但主要项目是使用射电望远镜搜寻可能来自其他文明的信号。

位于美国新墨西哥州的甚大阵（Very Large Array，VLA）天线。

天文学家搜寻生命的另外一种方式，是将航天器发射到太阳系中他们认为有希望可以找到生命的地方去。无论好莱坞大片曾经让你相信过什么，科学家们都确信无疑，太阳系中不存在其他高等文明。科学家们寻找的是最基本的生命类型，例如微生物和其他生物标记。既然火星在很多方面与地球非常相似——包括曾经拥有液态水——因此有许多科学家推测曾经有某种微生物在火星上生活过。到目前为止，没有任何火星表面或环火星轨道上的设备发现过任何支持这种推测的证据，但天文学家们仍在继续努力。

科学家们还在太阳系的其他地方寻找，包括木星和土星的某些卫星上的一些重要位置。这可能包括土星的卫星土卫二的冰冻表层之下，或者土星的卫星土卫六的液态甲烷海洋中。然而将复杂的设备送到这些地方不但成本昂贵，而且需要很长时间。与此同时，“天体生物学家”（研究地球及地外生命及其进化的科学家）正在使用所有可用的太空望远镜，以尽可能多地了解太阳系中可能存在生命的地方。

天王星

虽然天文学家早在大约250年前就发现了天王星,但这颗行星仍然颇为神秘。天王星只被详细调查过一次,那还是在1986年,NASA的“旅行者”号(Voyager)航天器曾从它的身旁飞过。除此之外，科学家们只能依靠地球表面和太空中的其他望远镜如哈勃太空望远镜尽可能多地了解天王星。

不过关于这颗行星，我们确实掌握了一些信息。天王星是侧转的，而太阳系的其他行星都像地上的陀螺一样旋转着（自转）。这种不同寻常的旋转方式可能意味着，天王星就像逆时针自转的金星一样，也是太阳系早期遭某个大型物体撞击逃逸的受害者。

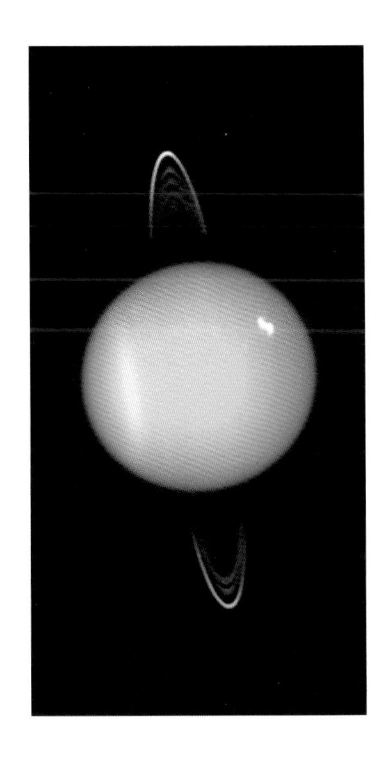

天王星是太阳系中的第三大行星。它有9个主环和27颗已知的卫星。这张使用红外光拍摄的天王星图片展示了人类肉眼看不到的云层结构。大气层顶部的甲烷气体吸收了红光，从而使得天王星呈现出蓝绿色。

天王星与它内侧和外侧的邻居土星和海王星相比，有许多共同之处。和土星一样，天王星的赤道周围也有一个环系统，不过它既没有土星的环系统大，也不如后者壮观，而且差距很大。天王星和海王星非常相似，以至于它们经常被并称为“冰态巨行星”。这个名字源于它们非常寒冷这一事实，因为它们距离太阳十分遥远——天王星和太阳的平均距离将近32亿千米，而海王星的轨道距离太阳将近48亿千米。如果你们还记得前面所学过的宇宙学术语，那就是说天王星和太阳的平均距离是2.7光时，海王星和太阳的平均距离是4.2光时。虽然天王星和海王星几乎全部是由氢和氦构成的（就像木星和土星一样），但它们的大气层中含有相对丰富的“冰”。和地球上不同，这些冰不全是水。实际上，部分这样的冰含有氨、甲烷，以及其他对人类致命的化合物。

考虑到它的成分及其远离太阳的位置，天王星的大气层是太阳系所有行星中最寒冷的。基于目前能够确定的信息，科学家们认为在那冰冻的云层之下，天王星拥有由岩石和冰构成的固体内核。

海王星

作为天王星的姊妹冰态巨行星，海王星同样是一个令人着迷的世界，但它也是一个我们知之甚少的世界。从没有航天器被派到那里，而且它超浓密的大气层挡住了大多数望远镜的视线。我们只知道它有13个卫星和1个环系统，以及它环绕太阳一周需要165个地球年。科学家们已经发现，它浓密的大气层非常厚，而且向下逐渐融入海王星表面的水和融化的冰中。在这颗阴郁的寒冷球体的中央，是一颗体积相当于地球大小的坚硬内核。

黑暗，寒冷，被超音速的风鞭笞着，海王星是太阳系中所有氢氦气态巨行星中距离太阳最遥远的行星。它浓密的大气层就像黑暗的面纱，将下面的星球表面遮掩得严严实实。

矮行星

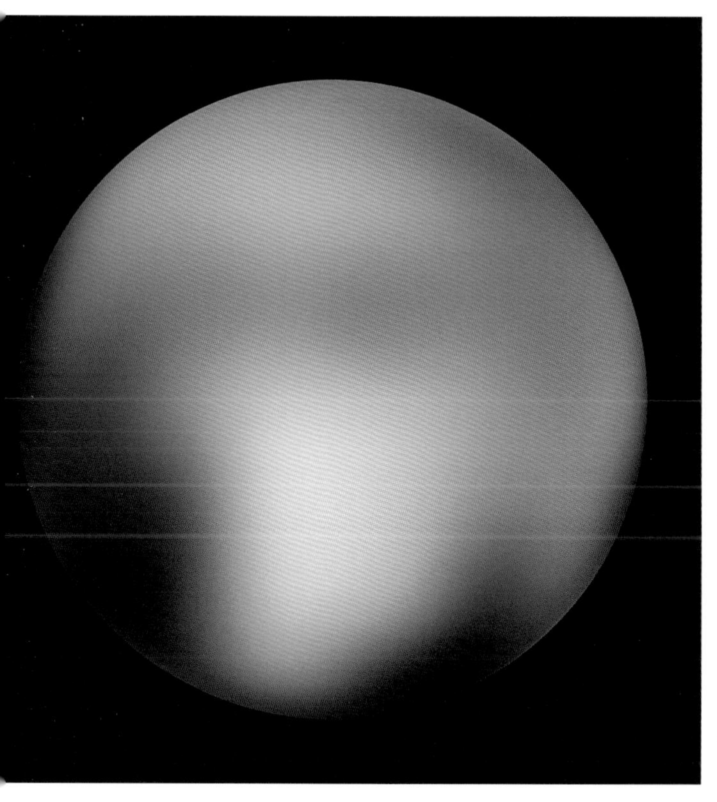

上图·左: 通过对比哈勃望远镜 1994 年以及在后来的 2002 年和 2003 年（此图所示）所拍摄的照片，天文学家得以探测冥王星表面发生的变化。这个极具挑战的任务就像是试图从 64 千米之外看清一个足球上的花纹。

上图·右： 这幅图展示了地球、月球和矮行星冥王星之间的相对大小。

冥王星

我们现在要前往的也许是整个太阳系中最具争议的天体：冥王星。自 1930 年被发现以来，冥王星一直被描述为太阳系中最遥远的行星。然而这一切在 2006 年发生了变化，负责为天体分类的组织国际天文联合会（International Astronomical Union）决定将冥王星降级为矮行星。冥王星比我们的月球小 1/3，直径小于波士顿和休斯敦之间的距离（还不到 2 400 千米）。

从科学家到小学生，很多人都对冥王星的降级感到不满。对于为什么会出现如此激烈的争议，他们各自都有一些很好的理由。争论的根源是科学的发展进程。自从冥王星在 80 多年前被发现以来，我们对太阳系有了更多的了解。和冥王星最相关的一点是，我们现在知道：行星（无论是否包括冥王星）并不代表太阳系的尽头——还远得很呢。

柯伊伯带

在冥王星的轨道之外，还有一片小型岩石和其他物体构成的“海洋”，它们在行星轨道的边界之外。这条巨大的岩石带可能包含数十万个天体，被称为柯伊伯带（Kuiper Belt）。它与冥王星的联系在于，柯伊伯带的运行轨道紧紧贴着冥王星。天文学家还在柯伊伯带中发现了尺寸比冥王星还大而且和冥王星一样靠近太阳的天体。所以这就产生了两难的困境：如果将冥王星称为行星，那就只能将柯伊伯带中的所有或部分天体也称为“行星”。

无论你是否同意将冥王星降级的决定（事实上，在 2006 年冥王星已经被划为矮行星），冥王星都是一个非常遥远而且寒冷的世界，天文学家对此极为好奇。NASA 在 2006 年发射了一枚名为“新视野”号（New Horizons）的航天器，它在 2015 年抵达冥王星后，让我们更好地理解了这颗特殊的矮行星及其卫星。

奥尔特云和彗星带

最后，在我们的太阳系之旅中，别忘了奥尔特云（Oort Cloud）。它在太阳系中的位置更加遥远——距离太阳或许长达 1 光年，即超过 9.6 万亿千米。我们从未能够拍摄到奥尔特云，因为它距离我们太远，而且其中的天体太小。那我们凭什么认为它就存在呢? 从某些彗星围绕太阳的运行轨道来看，它们的最远端显然比柯伊伯带远得多，而且关于彗星的运行方式，科学家们还发现了其他一些线索，这让他们相信在远方存在着一片巨大的岩石群。这和其他间接证据说明，奥尔特云是真实存在的，并且在太阳系中扮演着重要的角色。

天文学家认为奥尔特云含有数万亿个小型天体，它们通常停留在太阳系的外围。它们中的一个小天体偶尔会被另一个小天体碰撞，开始朝向太阳踏上漫长的征途。这些来访者中最有名的大概就是哈雷彗星了，它被认为是来自奥尔特云。

彗星是提醒我们人类与太空之间存在不可断绝联系的最佳方式之一。数千年来，彗星的出现都被认为是不祥之兆。我们现在知道彗星并不意味着即将降临的死亡或毁灭。实际上，它可以被认为是好运气，因为某些科学家认为，在太阳系还非常年轻的时候，地球这颗刚刚诞生的行星很可能从彗星那里得到了水。如今，科学家们欢迎彗星的到来，因为它们将远古太阳系极为遥远的碎屑带到了我们的宇宙“家门口”，从而让科学家们可以更好地研究它们。

麦克霍尔兹彗星是唐纳德·麦克霍尔兹（Donald Machholz）在 2004 年 8 月 27 日发现的，到 2005 年 1 月时已经明亮得不用望远镜也能看得到。在这张拍摄于 2005 年 1 月 7 日的图片中，麦克霍尔兹彗星和它长长的拖尾在昴星团（Pleiades star cluster）的衬托下越发清晰。

天文学家们相信，彗星来自柯伊伯带和奥尔特云这两个遥远的结构。来自柯伊伯带的彗星出现得更频繁——也就是说，它们每两百年甚至更短时间内出现一次。出现频率更低的彗星被认为来自奥尔特云，这很有道理，因为奥尔特云极为遥远。

彗星本身是含有尘土和冰的天体，因此它们有时会被称作“脏雪球”。随着彗星接近太阳系的中央，太阳辐射和太阳风会使它们明亮起来。按照最基本的结构，彗星有一个“头”和一条“尾巴”。头是一层薄而模糊的大气层，是由彗星开始变热后所散发出的气体构成的。尾是彗星在太阳系中飞行时被太阳风拖拽的灰尘和气体。在太空中，彗星的样貌是变幻无穷的，这取决于彗星距离地球有多近以及有多少气体会从彗星表面逸出。

超级卫星

正如我们在本章开头所提到的，太阳系中的行星拥有很多围绕着它们运行的卫星。其中一些卫星简直令人着迷。长期以来，科幻小说作家一直将卫星作为引人入胜的目的地——想一想《绝地归来》中的恩多星或者《阿凡达》中的潘多拉星。虽然在太阳系中，任何一颗卫星上都没有伊娃族或纳威人，但是它们依然为我们提供了许多值得探索的科学理由。接下来，我们将描述几颗我们最喜欢的卫星。

木卫二

木星的卫星木卫二（Europa）拥有一层大约 19 千米厚的冰壳。然而，根据科学家们发现的证据表明，木卫二的冰壳之下有一个铁核、一层岩石地幔和一片深约 100 千米的咸水海洋。木星对木卫二的引力让冰壳下的海洋起起伏伏，形成剧烈的潮汐。它们导致木卫二的冰封表面不断移动，而且很可能是这颗卫星在图像中所表现出的各种裂缝和条纹的原因。

影响海洋潮汐的引力也被认为加热了木卫二的内核，让这颗卫星的水免于被全部冰冻，并为地质活动提供了动力。由于拥有液态水和稳定的能量来源，许多天体生物学家和其他科学家认为木卫二可能是地外生命的栖息地。

右图：这张图片展示的是木星的冰封卫星木卫二的近景。木卫二和地球的卫星月球大小差不多。图片中的深褐色区域被认为是木卫二的地质活动所产生的含盐矿物质。长长的深色线条是冰层中的裂缝。

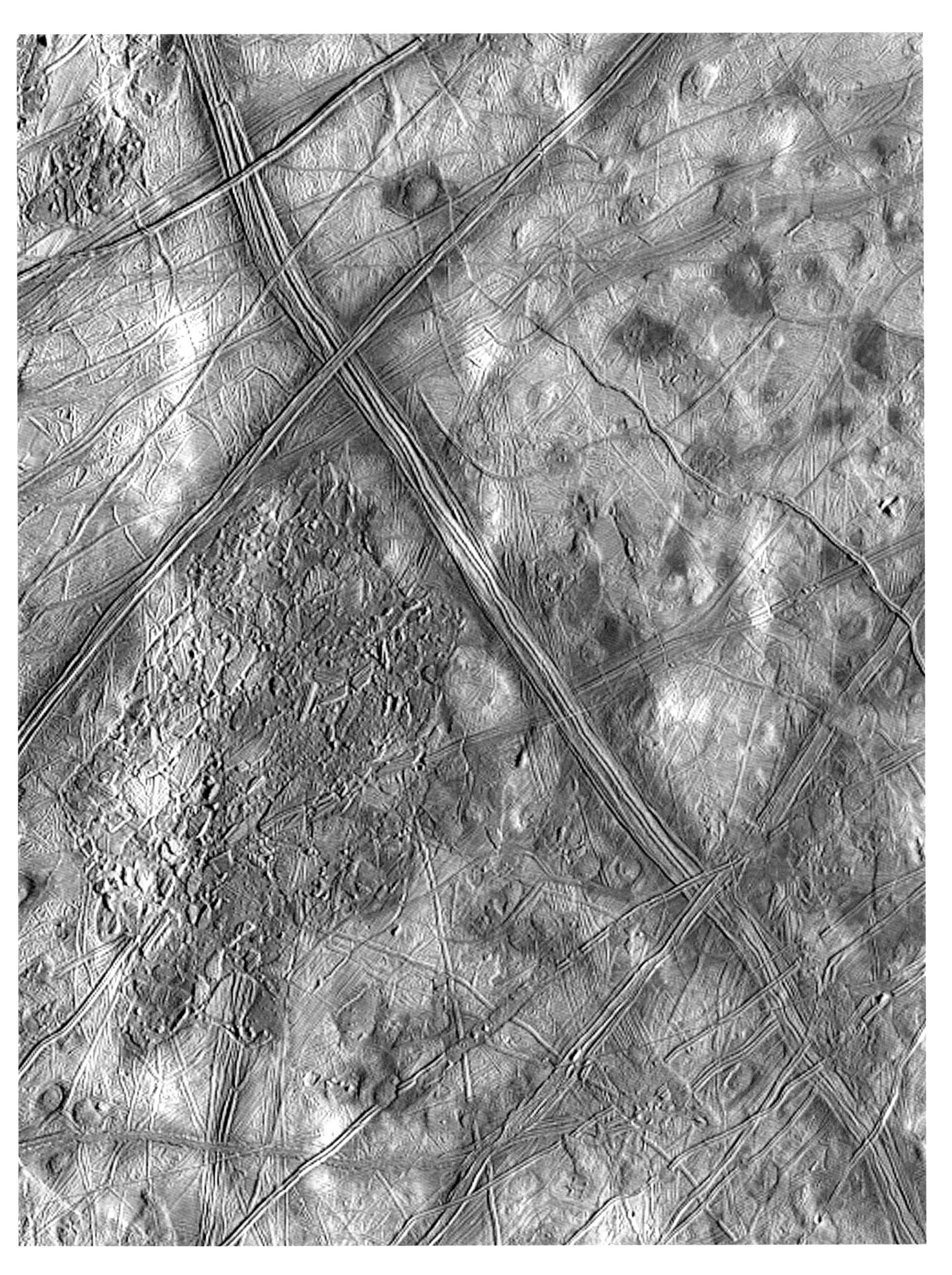

木卫一

木星的卫星木卫一（Io）的大小与地球的卫星月球大致相当。木卫一是太阳系中火山活动最活跃的天体。木卫一的火山将大量硅酸盐岩浆、硫和二氧化硫喷发到星球表面上方数千米至数百千米处，不断改变着木卫一的外观。混合气体的成分也意味着木卫一非常臭——很可能是臭鸡蛋的味道，不过要是我们试图通过闻一闻有毒气体来发现这一点，我们恐怕无法活着告诉别人这个发现了。虽然这些火山喷发的气体和地球上火山喷发的气体不同，但木卫一的某些火山也喷发过岩浆，这一点倒是和地球上的火山类似。它大概不是太阳系中最适宜生命居住的地方，但它很可能是地质学家或火山学家梦寐以求的探索之地。

木卫一是木星最大的卫星之一，而且大概也是最有趣的。它以活跃的火山和“臭鸡蛋”气味闻名，这种臭味来自火山喷发的硫和二氧化硫气体。

土卫六

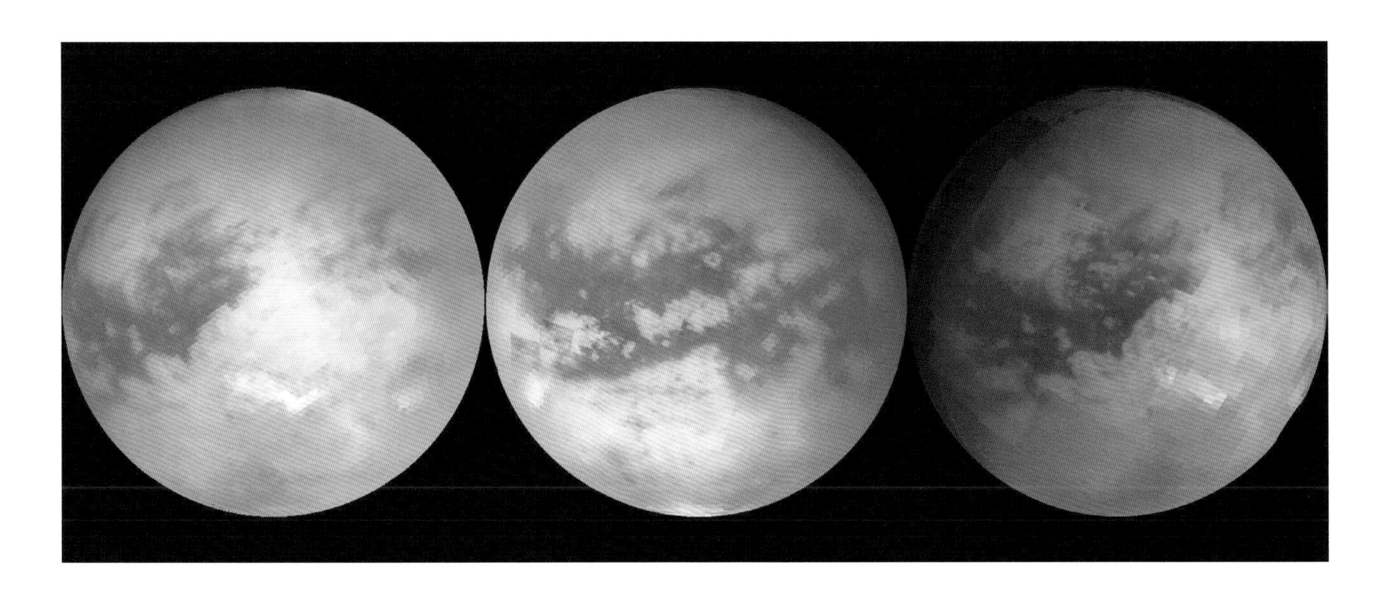

土卫六是围绕土星运行的53颗卫星中最大的一颗。虽然距离太阳极为遥远，但土卫六很可能是到目前为止我们所发现的最像地球的天体之一。拥有厚厚的大气层和富含碳的复杂化学物质，土卫六很像是数十亿年前冰冻版本的地球，那时生命还没有将氧气输入到大气层中。

直到最近，土星的卫星土卫六（Titan）还只是一个并不能令人很兴奋的模糊橙色球体。然而NASA的“卡西尼”号(Cassini)任务改变了这一切。2005年，它向土卫六发射了一枚探测器，一窥它隐藏在表层之下的东西。在纵身跳下的过程中，这枚名叫“惠更斯”号（Huygens；以17世纪的一位著名荷兰天文学家的名字命名）的探测器将它遇到的大气层和天气的相关数据传回了地球。它展示了一个看上去与地球十分相似的世界：土卫六拥有许多与地球类似的地表特征，例如河床、覆盖着沙丘的巨大沙漠，甚至还有湖泊。然而这些湖泊中没有水，而是液态碳氢化合物，成分类似我们往汽车里加注的燃油。虽然这种物质对我们来说是致命的，但对于其他可能在这里进化出的生命形式而言，可能是无害的。这些有毒池塘（对人类而言）的发现令人兴奋，因为这是科学家首次在地球之外的地方发现露天液体。

要点总结

- 地球属于一个有趣的宇宙社区，这个社区名为太阳系。
- 木星和土星的某些卫星虽然在太阳系中的知名度较低，但它们依然为我们所着迷。
- 我们仍然可以赞美冥王星，即使它不再被认为是一颗“真正的”行星。

太阳系的行星和卫星

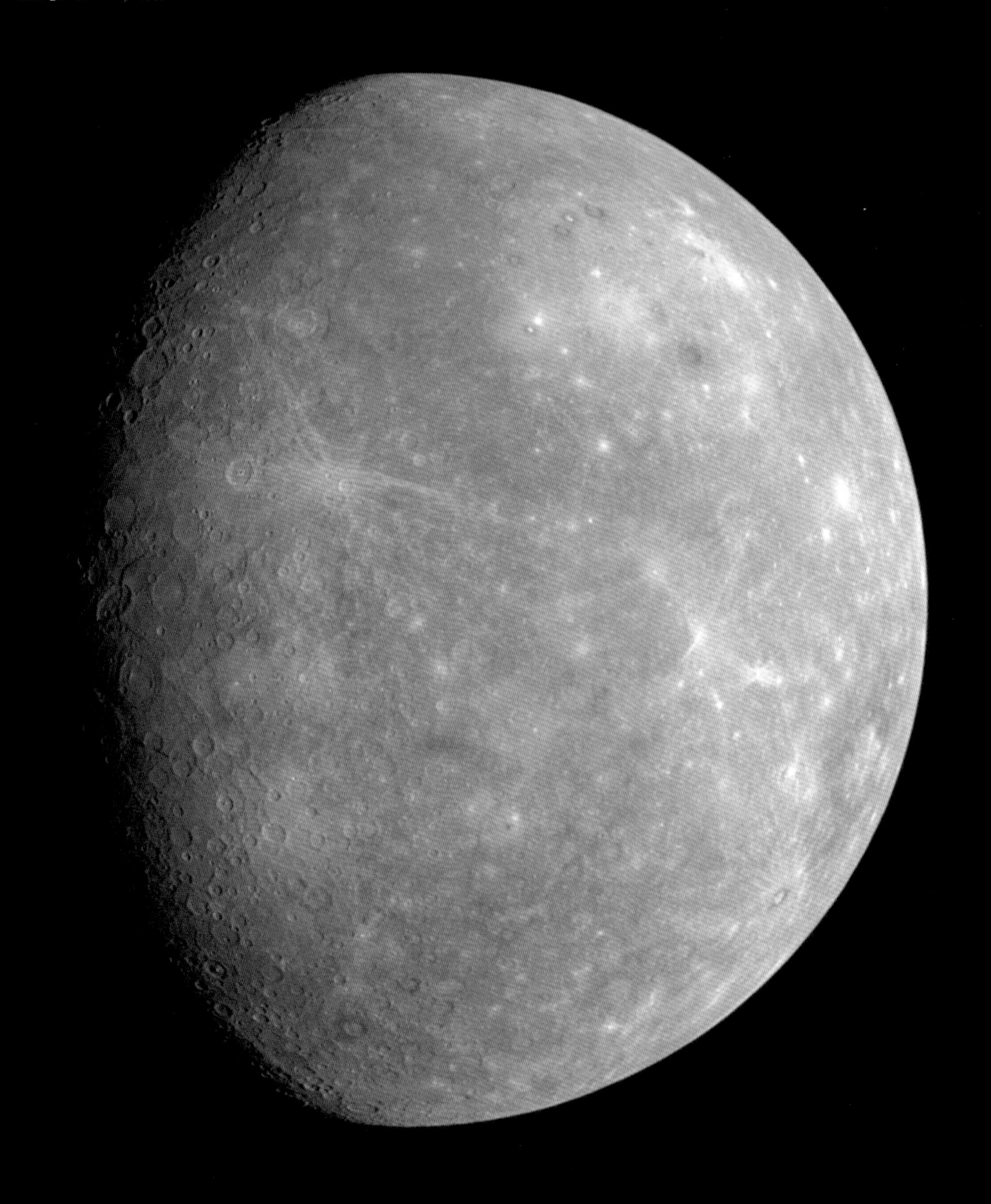

水星，3.22 光分

水星是太阳系中最小的行星，直径只有 4 800 千米——只比纽约和洛杉矶之间的距离多一点。水星是一个遍布岩石的世界，在岩石表面布满了凹痕，这些凹痕是数十亿年前（太阳系还在形成时）遭陨石无数次撞击出来的。水星环绕太阳运行的速度比任何其他行星都快，它的一年只相当于地球上的 88 天。根据目前所知的情况，水星或许比任何其他行星都更像我们的月球。这两个天体都被一层薄薄的类似矿物质的薄膜层覆盖着，而且它们都有宽阔的平原、陡峭的悬崖和许多深坑。

金星，6.01 光分

这张美丽的色彩斑斓的金星肖像是使用多年采集的雷达数据制作而成的，展示了金星上的不同的海拔高度。金星的大小、质量、密度和成分与地球大致相同。直到 20 世纪 60 年代，科学家们还推测金星可能曾经和地球极为相似，有过茂密的热带植被。这种观点后来发生了变化，因为新的观测结果证实金星的表面非常热，温度和气压几乎是地球上的 100 倍。但是金星和地球最大的不同在于它的大气层。和地球不同，金星的云不是由水构成的，而是浓硫酸——基本上就是电瓶水。

火星，12.7 光分

就像地球和太阳系中的其他天体一样，火星（从太阳向外数的第 4 颗行星）的年纪大约是 46 亿岁。从地球上看，火星呈明亮的橙红色，这种色彩很像铁锈的颜色。这不是巧合：火星表面覆盖着氧化铁（铁锈的正式名称）。淡淡的云高挂在天空，这些云的主要成分是水冰。在最左边，可以看到有云漂浮在奥林匹斯山（火星上的盾状火山）周围，它是太阳系中已知最大的火山。在顶端中央可以看到覆盖火星北极的冰盖。科学家认为火星在诞生之后的二三十亿年里曾有过活跃的火山活动。

对火星越来越好奇，12.7 光分

NASA 最近发射到这颗红色行星上的探测车从火星发回一张美丽的明信片。这张照片是“好奇者”号于 2012 年 8 月 6 日登陆火星仅仅两周之后拍摄的，照片的前景展示了“好奇者”号着陆地点附近碎石遍地的区域。远处是高达 5.5 千米的夏普山（Mount Sharp）的山脚，按照计划探测车最终应该会行驶到那里。这张照片的色度进行了强化，以显示在同样的光照条件下的火星上的景象。这种色彩强化能够帮助身在遥远地方的科学家努力分析火星地形。

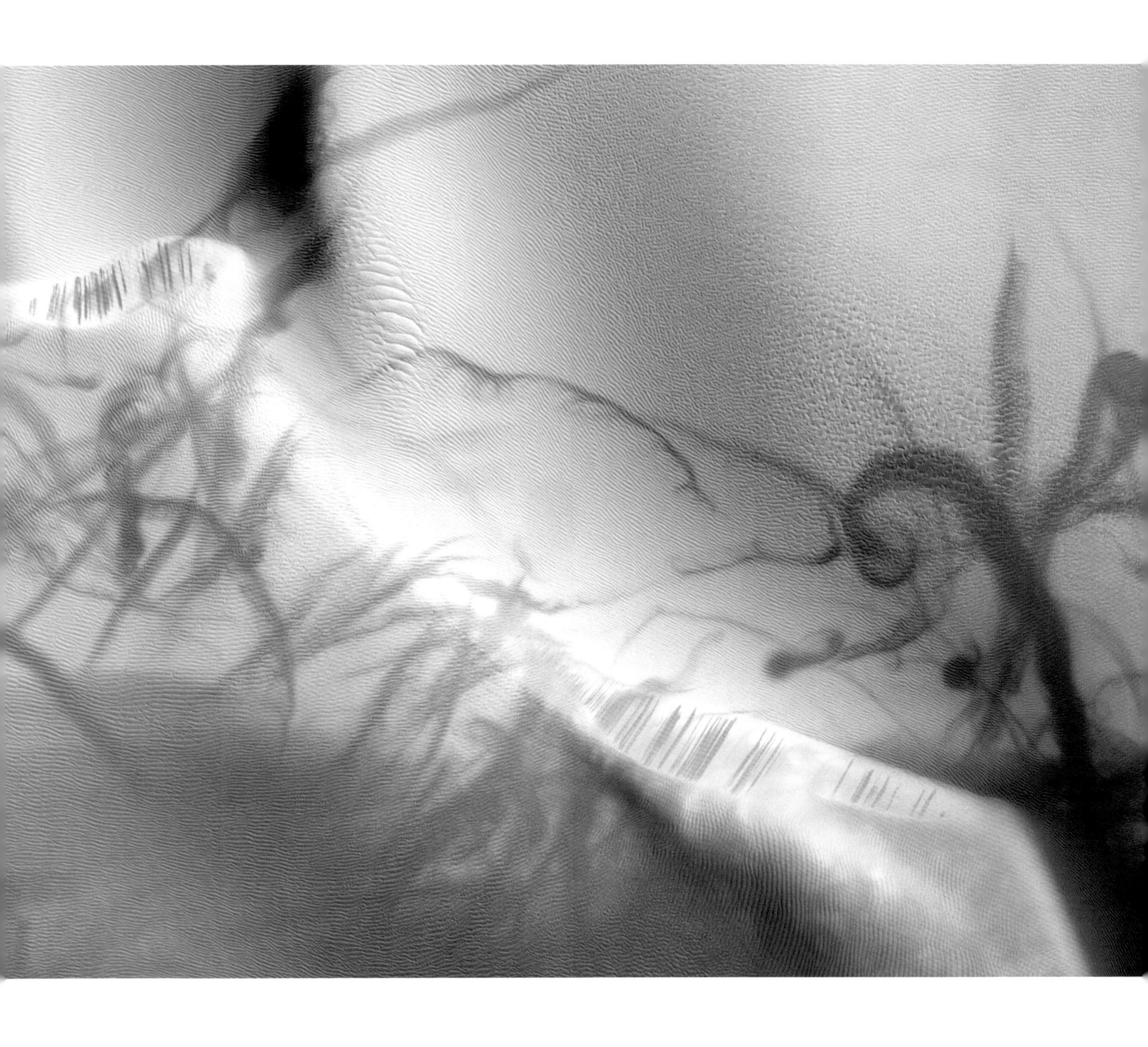

火星尘卷风，12.7 光分

虽然这张图很像某些人身上复杂的纹身，但是这些黑色漩涡实际上是由火星沙丘中的风所制造出来的壮观图案。当强烈的风从火星地表吹过，它们会制造并推进尘卷风，在颜色较浅的沙丘上暂时制造出黑色疤痕。这张照片是由火星勘测轨道飞行器所拍摄的，展示的是火星表面一片面积大约为 1.3 平方千米的区域。

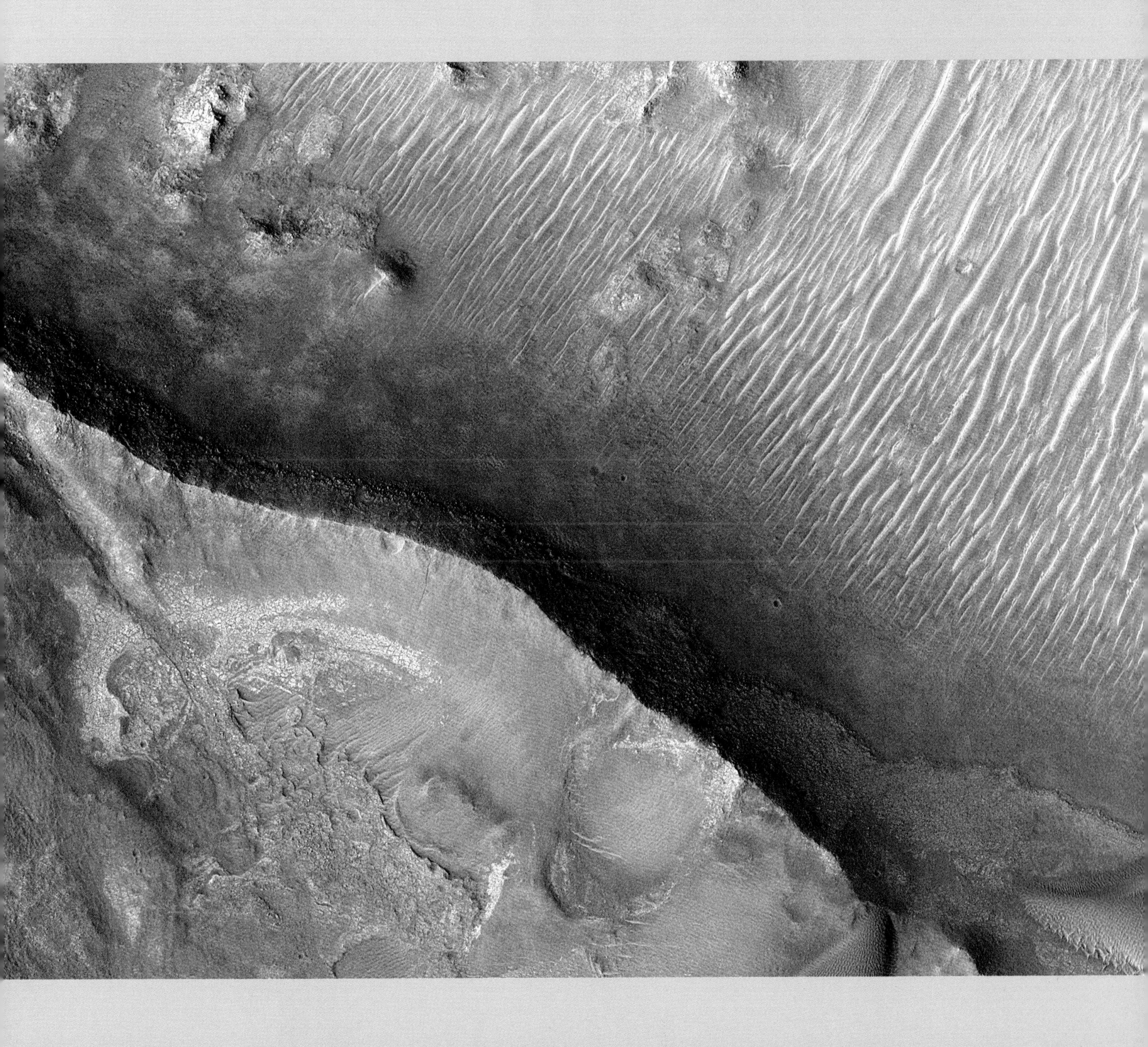

火星尼利槽沟，12.7 光分

这张令人难忘又略显怪异的图片展示的是火星上一座大型火山和一个古老的陨击盆地之间的区域。这里分布着一系列弯曲的槽沟，深约 500 米，这张图片里展示的就是其中一条。欧洲发射的航天器“火星快车”号（Mars Express）检测到了那里的黏土矿物。对于天体生物学家来说，这是个好消息，因为黏土毫无疑问地证明了火星在过去的某一时刻存在着水。更妙的是，这些矿物说明这些水汇聚到火星表面的水池里，对于生命而言这里似乎是舒适的栖息地。

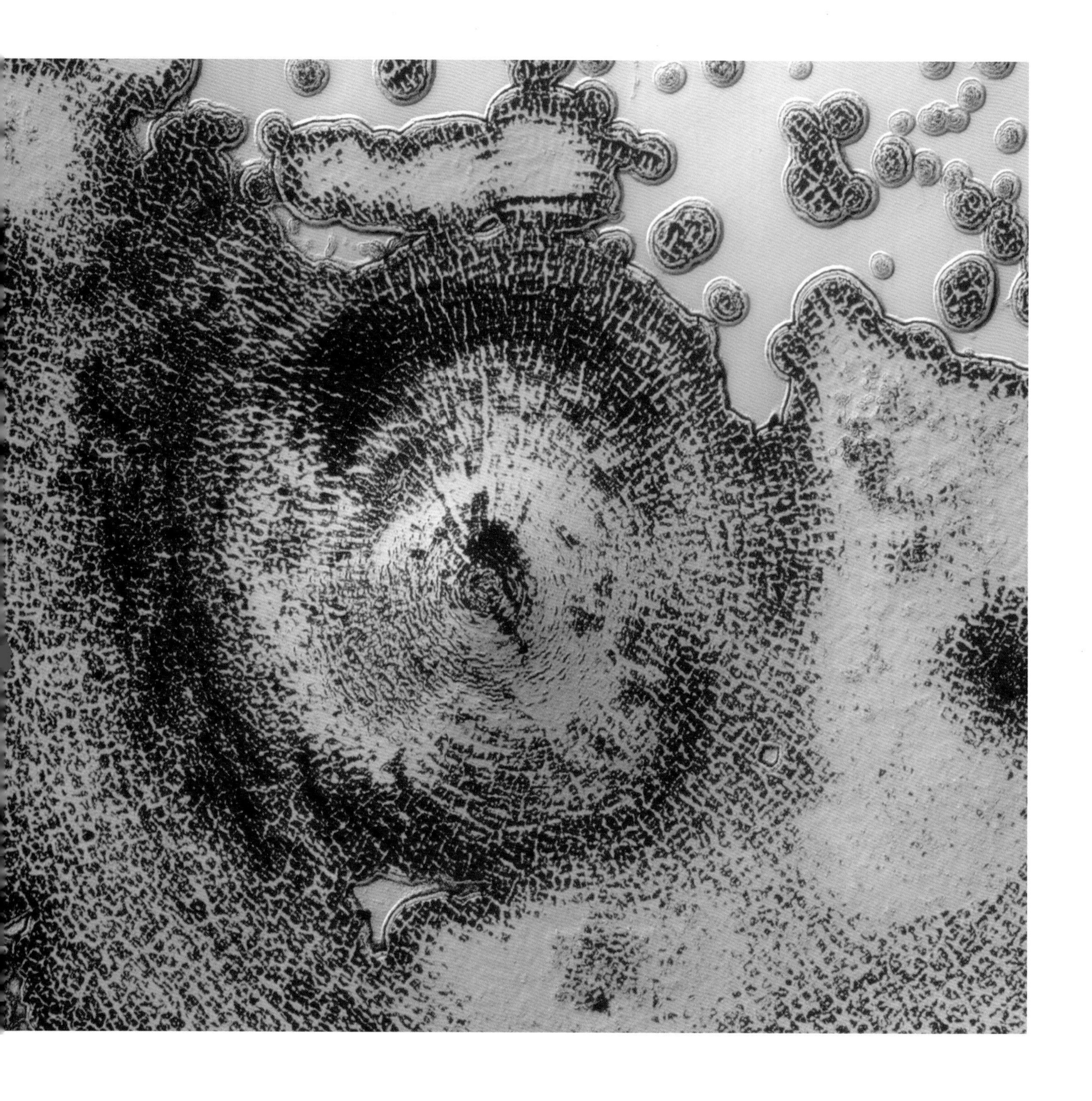

火星南极冰盖，12.7 光分

和地球一样，火星也有冰冻的极地冰盖。但是和地球不同的是，火星的极地冰盖不光有由水凝固成的冰，还有由二氧化碳凝固成的干冰。在火星南半球的夏天时，大量干冰会变成蒸汽。来自“火星快车”号的数据表明，南极冰盖实际上每年都是由两个不同的气象系统共同作用形成的——其中一个系统在极点西侧制造二氧化碳雪花，另一个系统只在东侧地面结霜。这意味着南极冰盖在夏天是不对称的，因为此时地面上的霜更容易蒸发，从而只剩下极点西侧的雪地冰盖。

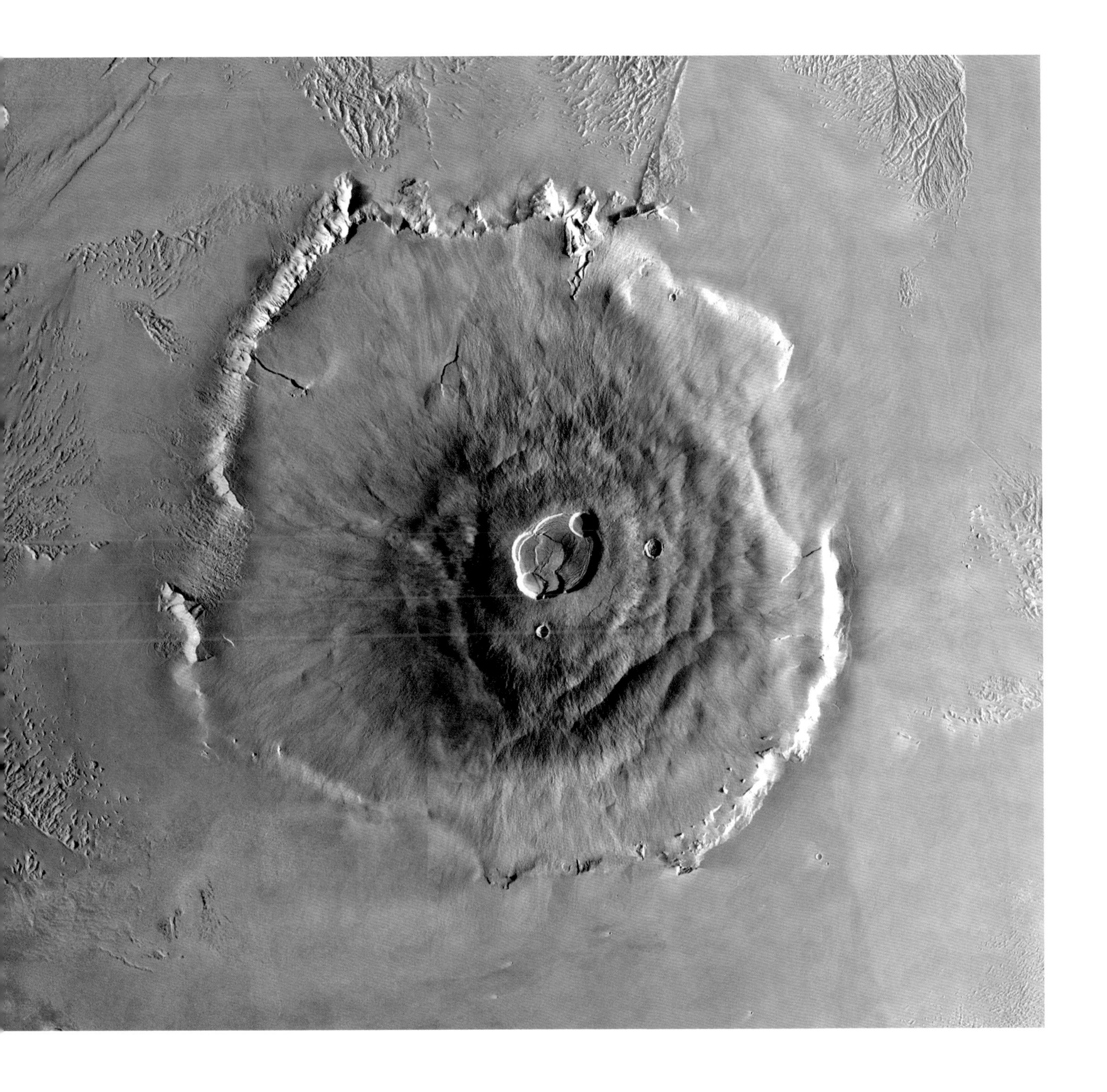

奥林匹斯山，12.7 光分

这张高空俯瞰的照片是由绕火星的一枚航天器拍摄的。或许我们从画面中难以看出，但它展示的是整个太阳系中最高的火山——也是最高的山。这座山就是奥林匹斯山，一座休眠火山，山顶与火星表面的距离约为 24 000 米，是珠穆朗玛峰高度的 2.5 倍多。为什么它如此庞大？科学家们认为它之所以如此巨大是因为火星的重力较小，不会那么用力地向下拖拽这座增长中的火山。而另一个不同之处是，地球板块常常移动（例如在地震时），而火星的地壳是静止不动的。这会导致熔岩不断朝一个地方堆积，从而制造出极为庞大的火星火山。

火星维多利亚陨石坑，12.7 光分

这张维多利亚陨石坑（Victoria Crater）的俯瞰照片是由火星勘测轨道飞行器拍摄的，NASA 的火星探测车“机遇”号花了将近两年时间才抵达那里。这场艰难的旅程是值得的，因为维多利亚陨石坑是“机遇”号和它的姊妹探测车“勇气”号目前为止探索过的最大的陨石坑——大致相当于一座橄榄球场那么大。“机遇”号花了一年时间探索和研究这个位于火星赤道附近的陨石坑。实际上，这辆探测车是可以在这张图片上看到的，它是陨石坑右上方边缘的一个小点。

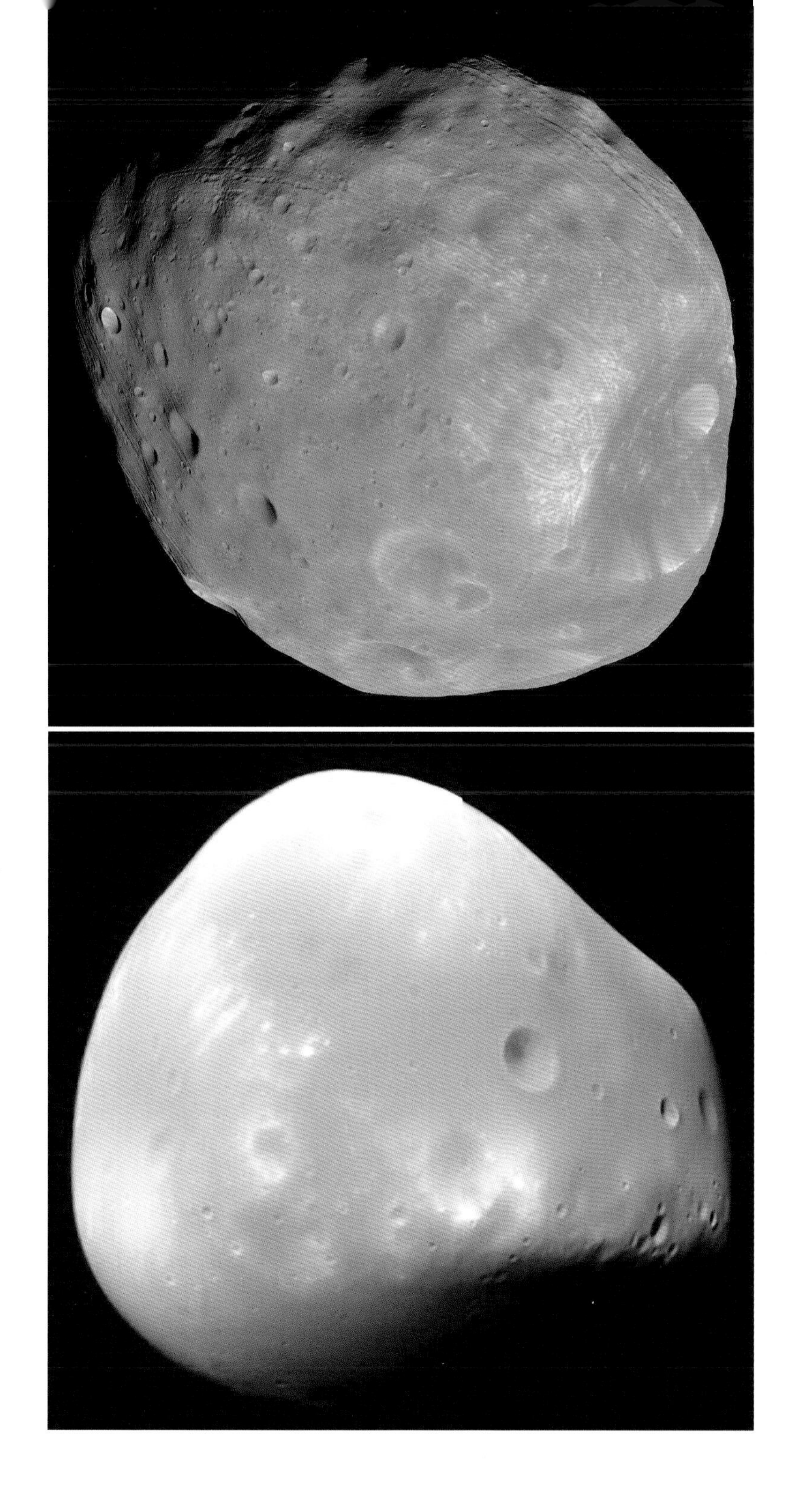

火卫一和火卫二，12.7 光分

火星有两个相对较小的卫星，分别是火卫一（Phobos，图·上）和火卫二（Deimos，图·下）。前者的英文名是希腊神话中的一个神，意思是“害怕”。后者的英文名是希腊神话中恐惧之神的名字。和太阳系中的其他卫星相比——包括月球，这一对卫星有一个显而易见的不同之处：它们不是圆的。它们的土豆状外形以及不同的速度和运行轨道让科学家们相信，它们实际上是被火星捕获的小行星。

木星，43.3 光分

木星是太阳系中最大的行星，也是从太阳向外数的第 5 颗行星。它的直径是地球直径的 11 倍多，大约相当于太阳直径的 1/10。这张迷幻风格的木星图片经过色彩编码，展示了各种云层的高度：白色的云最高，蓝色的云居中，红色的云最低。“大红斑”（The Great Red Spot）和它的邻居“小红斑”（Red Spot Junior）位于大气层顶部，因此它们在这张图片中是白色的。

木星的大红斑，43.3 光分

大红斑是位于木星南半球的一场规模庞大的风暴。它是逆时针旋转的，和地球南半球上顺时针旋转的风暴的方向正好相反。随着底层的化学物质被搅动后翻滚到顶层，大红斑的颜色会发生变化。大红斑边缘的风速高达每小时 560 千米。大红斑大概是地球体积的 3 倍，它是如此之大，如果天气状况适宜，你甚至能用小型天文望远镜看到它。数百年来，人们一直在用大大小小的天文望远镜观看木星上的这场巨大的风暴。

木卫一、木卫二、木卫三和木卫四，43.3 光分

木星的四颗最大而且最有趣的卫星被命名为（从左上角顺时针起）木卫一（Io）、木卫二（Europa）、木卫三（Ganymede）和木卫四（Callisto），它们的英文名都来自希腊古典神话中的人物。木卫一被喷出硫磺的火山所覆盖。木卫二的表面主要是水冰，冰层下液态海洋的总水量可能相当于地球的两到三倍。木卫三是太阳系中最大的卫星（比水星这颗行星还大），而且它是已知唯一自身产生内磁场的卫星。在遍布火山的卫星木卫一上，可以看到两处硫的喷发（左侧小小的紫色雾状突起和顶部的小型紫色漩涡）。木卫四的表面有大量古老的凹痕，它记录了太阳系早期的历史。

土星，1.32 光时

土星是太阳系的第二大行星，其体积仅次于木星。在这张照片中，土星著名的环系统在阳光的照耀下熠熠生辉；它是 2006 年“卡西尼”号航天器从这颗行星后面掠过时拍摄的。土星拥有近 50 颗形态和大小各异的卫星，小的只有 3.2 千米宽，大的宽度大概相当于美国大陆的宽度。这张照片里也有地球，是左上方明亮的主环与较细的灰棕色环之间的小白点。这张照片看上去和典型的土星样貌很不一样，因为它是用红外光、可见光和紫外光照片合成的。

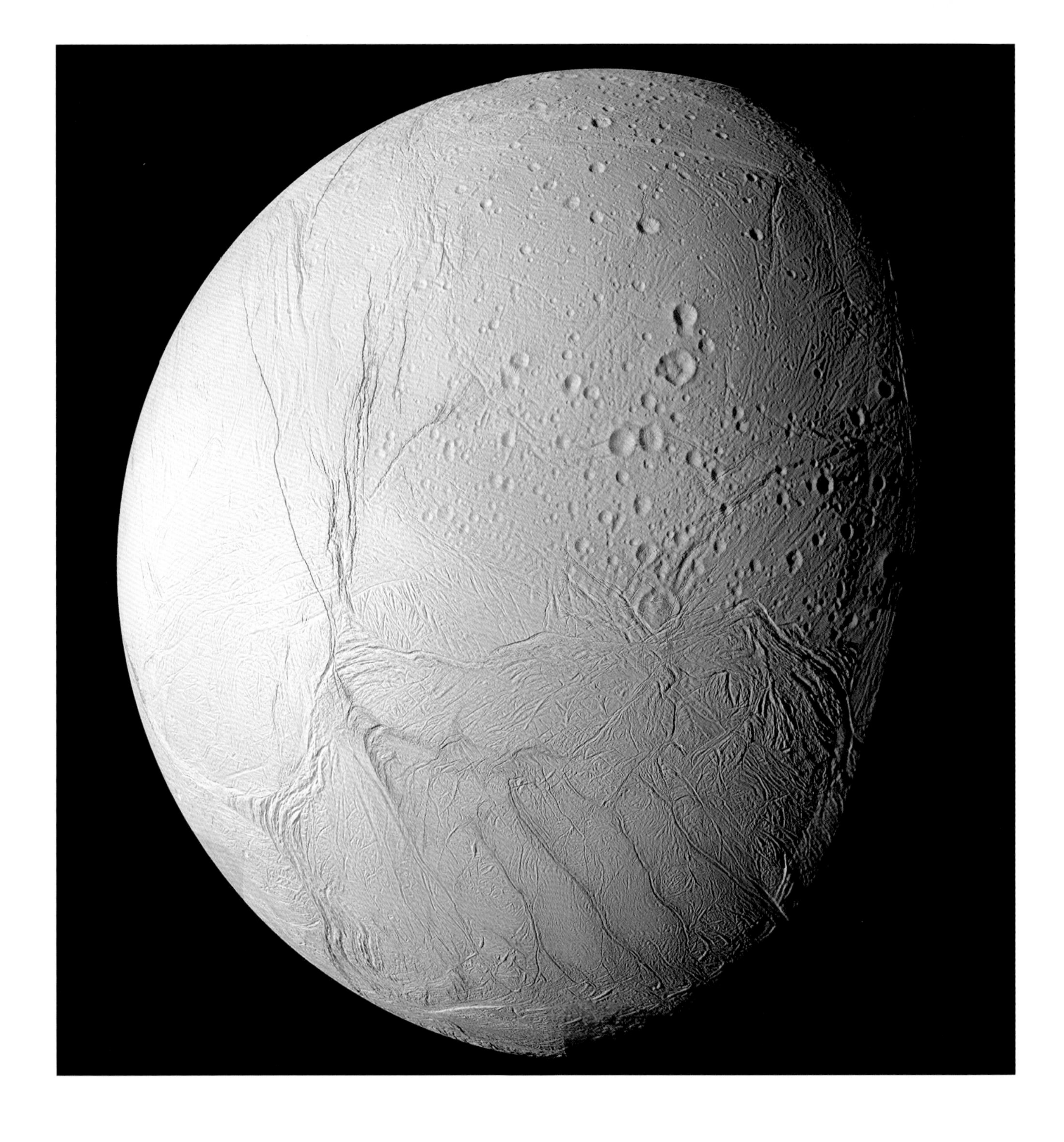

土卫二，1.32 光时

土卫二是土星的一颗小型卫星，只有英国陆地那么宽，其表面覆盖着令人好奇的疤痕。这些痕迹是什么？科学家们认为它们是冰层中巨大的裂缝。这些裂缝覆盖着有机物质——换句话说，是地球上诞生生命的必需物质。有趣的是，发现了许多裂缝的南极地区是土卫二上最炎热的地方。这就像是发现地球的南极地区实际上比热带还要热。

天王星上的极光，2.7 光时

我们当中的一些人曾经幸运地看见过北极光，或者在赤道以南见过类似的天空美景。不过其他行星上也有极光。科学家已经在木星、土星和天王星上见到过极光。哈勃太空望远镜在 2001 年拍摄的这两张照片，显示的正是天王星上以可见光和紫外光观察到的极光。来自哈勃望远镜的极光数据与 1986 年“旅行者 2”号航天器从天王星旁边路过时拍摄的整颗行星的照片、来自夏威夷双子座天文台的可见光数据进行了整合，得到了这颗神秘行星的独特照片。

海尔－波普彗星，656 光秒

为什么这颗彗星身后拖着两条尾巴？当一颗彗星靠近太阳时，它会开始升温并损失掉尘埃和气体。从彗星表面散发出来的尘埃会跟随彗星的轨道运行，同时反射阳光，因此看起来是白色的。蓝色尾部是彗星散发的气体，其主要成分是一氧化碳，与太阳释放出的粒子相互作用后产生蓝光。

彗星 C/2001 Q4（NEAT），160 光秒

由于它们的形状和在太阳系中运行的轨道，很多人大概会认为彗星很像“流星”，或者是其他因为大气层摩擦燃烧后的抛射物。然而，太空中没有大气层，而且彗星实际上并没有在燃烧。相反，彗星之所以能在地球上可见，是因为它们反射了阳光。当它们沿着轨道从太阳系远端靠近太阳而逐渐升温时，这颗夹杂着尘埃和岩石的冰球就会开始释放其表面的物质。

第 5 章

恒星的诞生与消亡

一大群其他恒星……如此之多，令人难以置信。

——伽利略·伽利雷（Galileo Galilei）

完成了环绕太阳系的游览之后，我们将继续前往下一站：恒星。如果你生活在城市或郊区，你很可能在没有月亮和云的晚上见过几十颗甚至几百颗恒星。如果你能够前往一个远离城市或其他人工光源的地方，就能看到数千颗恒星。

虽然如同文森特·梵高在他的著名画作《星空》中所描绘的那样，密集的星空是一道壮观的景致，但是从星星的数量来看，这幅画上令人难忘的夜幕只不过是沧海一粟。恒星是所有星系的构成要素，而银河系大约拥有 2 000 亿 ~4 000 亿颗恒星。

P114–115 图：玻利维亚乌尤尼盐湖星光灿烂的夜空，布满了尘埃带和发光的星云，以及构成银河系的数十亿颗恒星的一部分。

梵高的画作《星空》。

太阳是距离我们最近的恒星。通过研究太阳这颗近得足以让我们看清楚细节的恒星，我们可以了解距离我们远得多的其他恒星的重要相关信息。

这是个极为庞大的数量。它们无所不在的存在和令人瞠目的数量是理解恒星运作方式的良好动机。不过还存在许多其他原因，包括更好地理解我们自己的本土恒星（太阳）的运作方式以及它未来可能的行为等。

这就为我们带来了关于恒星的第一个也是最重要的一个知识点：它们的存在并非永恒。相反，它们的生命历程很像人类。也就是说，它们会经历诞生，度过一生，最终死亡。

恒星到底是如何度过它们的一生的，取决于它们某些重要的特征。和人类一样，情况可能很复杂，起作用的因素很多，包括它们的构成以及它们生活的环境。

让我们先从最基本的方面说起。

恒星有不同的颜色，这常常决定了它们温度有多高。与我们使用厨房炉具的经验相反，“红色”并不总是意味着最高的温度。实际上，蓝色和白色恒星才是最热的，黄色恒星的温度居中，橙色和红色恒星的温度通常较低。例如，我们的太阳是一颗黄色恒星，这让它在恒星温度排行榜上名列中游。

对于任何恒星而言，另一个至关重要的特征是它的质量或体积。一般说来，恒星越大，它的寿命就越短。我们的太阳再次落入中流，它是一颗中等大小的恒星。这意味着它的寿命也处于中等水平，大约是 100 亿年。据天文学家估计，太阳已经存在了大约 50 亿年了，这意味着它已经到了中年。相比之下，个头更小、燃料效率更高的恒星的寿命是太阳的几倍，而最大的恒星会在仅仅数百万年之内烧光它们的全部燃料。

天文学家们发明了一套根据颜色、亮度、生命阶段和其他特征建立起来的复杂的恒星分类方法。例如，太阳被分类到 G2V 类，G 表示它是一颗黄色恒星，2 代表它的表面温度约 5 500℃，而 V 说明太阳是一颗通过核反应产生能量的主序星。不过，除非你打算非常详细地研究恒星的演化，否则我们建议你不要过于担心这些分类。

星座

成千上万年以来，人类一直凝视着天空，在高悬夜幕的众多小白点中发现独特的图案。我们自己也曾在许多个夜晚仰望星空，试图找到这些熟悉的图案。这些图案被称作星座，从人类的早期文明开始就被用来解释人文故事，为季节变化等事件提供解释，还能作为船只航海的特殊标记。

大熊星座（Ursa Major）是北半球的著名景致。虽然它常常被称为“犁”（Plough）或“北斗七星”（Big Dipper），但大多数神话都将它当作一只大熊，左边的 3 颗星是它的尾巴，右边的 4 颗星是它的背部（Ursa Major 是拉丁语中“大熊”的意思）。最右边的两颗星被称为“指极星”，它们的连线可以用来寻找北极星（Polaris），这个技巧已经被旅行者使用了数千年。

在现代科技的帮助下，我们现在知道构成同一个星座的恒星在太空中并不一定彼此距离很近。

有时它们只是在我们这些地球上的观察者眼中彼此相邻，但它们之间的距离实际上可能相差数十亿千米。

如今，我们拥有 88 个由国际天文学联合会规定的“官方”星座。大多数得到官方承认的现代星座来自早期希腊、罗马和埃及神话。但是对于这些星座，几乎每一种古代文化——从阿拉伯到中国再到美洲原住民——都有自己独特的名称，以及相应的故事。

你知道黄道十二宫上的星座会随着时间变化吗？这是因为在数千年的时间里，地球的地轴会发生轻微的移动，所以我们头顶的星星并不完全处于它们曾经所在的位置。所以，即使你现在是天蝎座，将来的某一天，你可能会变成射手座。

恒星的诞生

恒星从哪里来？大多数恒星拥有相同的故事脉络，包括我们在上一章谈论到的太阳。当巨大的气体和尘埃云团坍塌时，恒星诞生了。随着云团的凝结，其中央开始形成一个热物质内核。这是一颗新诞生的恒星，那些没有进入这个核心的其他材料可能会变成行星、小行星和其他碎屑。这听上去似乎是个简单的故事，但实际上有很多关于恒星诞生的细节，天文学家们一直都在努力研究，而且还将继续研究下去。

当这个为期数百万年的诞生过程结束时，恒星就开始通过一种名为核聚变的过程燃烧，或者说发光。原子的核心被称为原子核。核聚变是两个原子的核心相聚或融合的过程。发生核聚变时，两个原子核变成一个更重的原子核。与此同时，大量的能量会被释放出来。

正是这个原子核碰撞并释放能量的过程，为恒星提供了能量。当我们说一颗恒星在“燃烧”，指的就是这件事。在恒星整个生命的大部分时间里，这种燃烧过程涉及氢——宇宙中最轻也是最丰富的元素——聚变成氦的过程。我们的太阳现在就处于这个阶段。

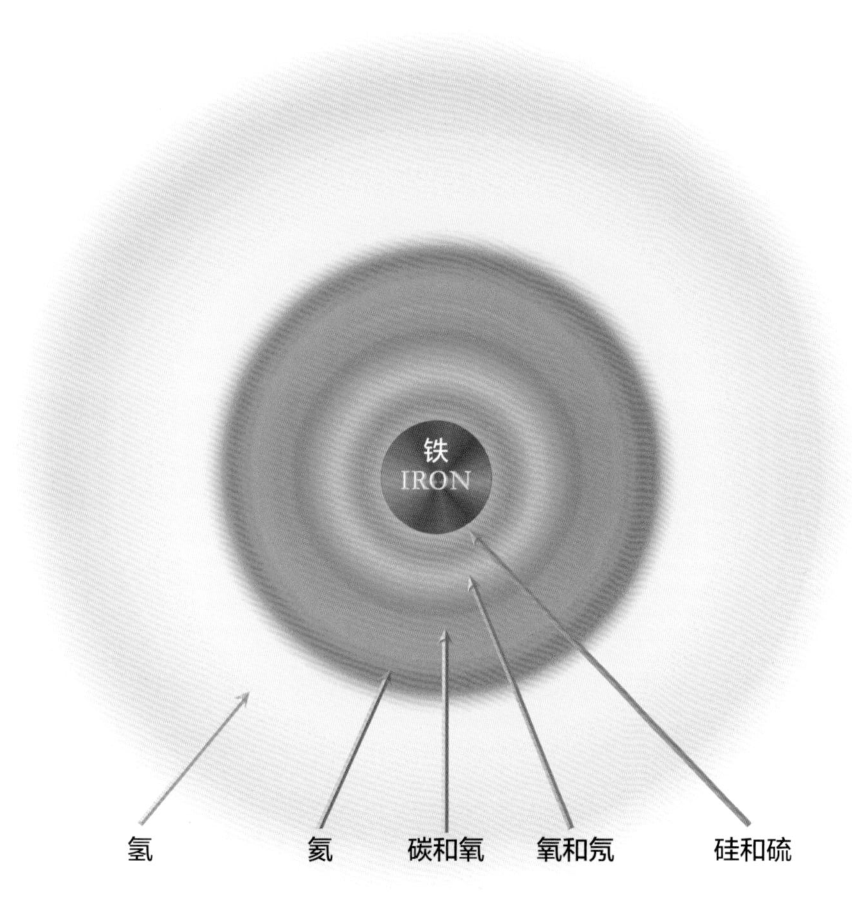

上图：这幅由艺术家创作的插图展示了一颗巨大的幼年恒星被布满尘埃的环紧密环绕的景象。

左图：当一颗恒星临近生命的终点，它的内部会通过核聚变的方式制造出质量很重的元素，例如位于这幅示意图中央的铁。这些重元素会向恒星的中心聚集。

相伴出现的恒星

太空中的恒星通常不是单独存在的。相反，它们总是互相伴随着成群出现，称为星团。

星团有两种基本类型：球状星团和疏散星团。球状星团分布在星系边缘，它们的密度很大，包括数千颗甚至数百万颗恒星，主要是非常古老的恒星。而疏散星团没有那么密集，而且包括更多年轻的恒星。

箭鱼座 30（30 Doradus）是许多恒星诞生的区域，在它的中央分布着一大群庞大、炽热和大质量的恒星。这些恒星被统称为 R136 星团，这张照片是哈勃太空望远镜用可见光的方式拍摄的。

老年恒星

当一颗恒星缺少用来在核心进行核聚变的氢时（我们的太阳在大约 50 亿年内都不会出现这种情况），事情就变得更有意思了。随着核心的氢燃烧殆尽，那里不再产生能量。这会导致核心的缓慢坍塌和升温。

然而，核聚变的过程依然在持续，只是转移到了仍然还有氢的部位。这意味着核聚变开始在核心之外富含氢的气体层中发生，且在这个过程中为恒星提供能量。这时恒星进入天文学家所说的“红巨星”阶段。

当这一层的氢耗尽之后，红巨星中的核聚变过程开始将新创造出的更重的氦原子加入进来。随着核聚变过程沿着元素周期表不断前进，这些发生融合的氦原

下图：这张由艺术家创作的插图展示了一颗红巨星的特写，它被一个充满尘埃和气体的圆盘围绕着，顶部和底部还有一对喷流。

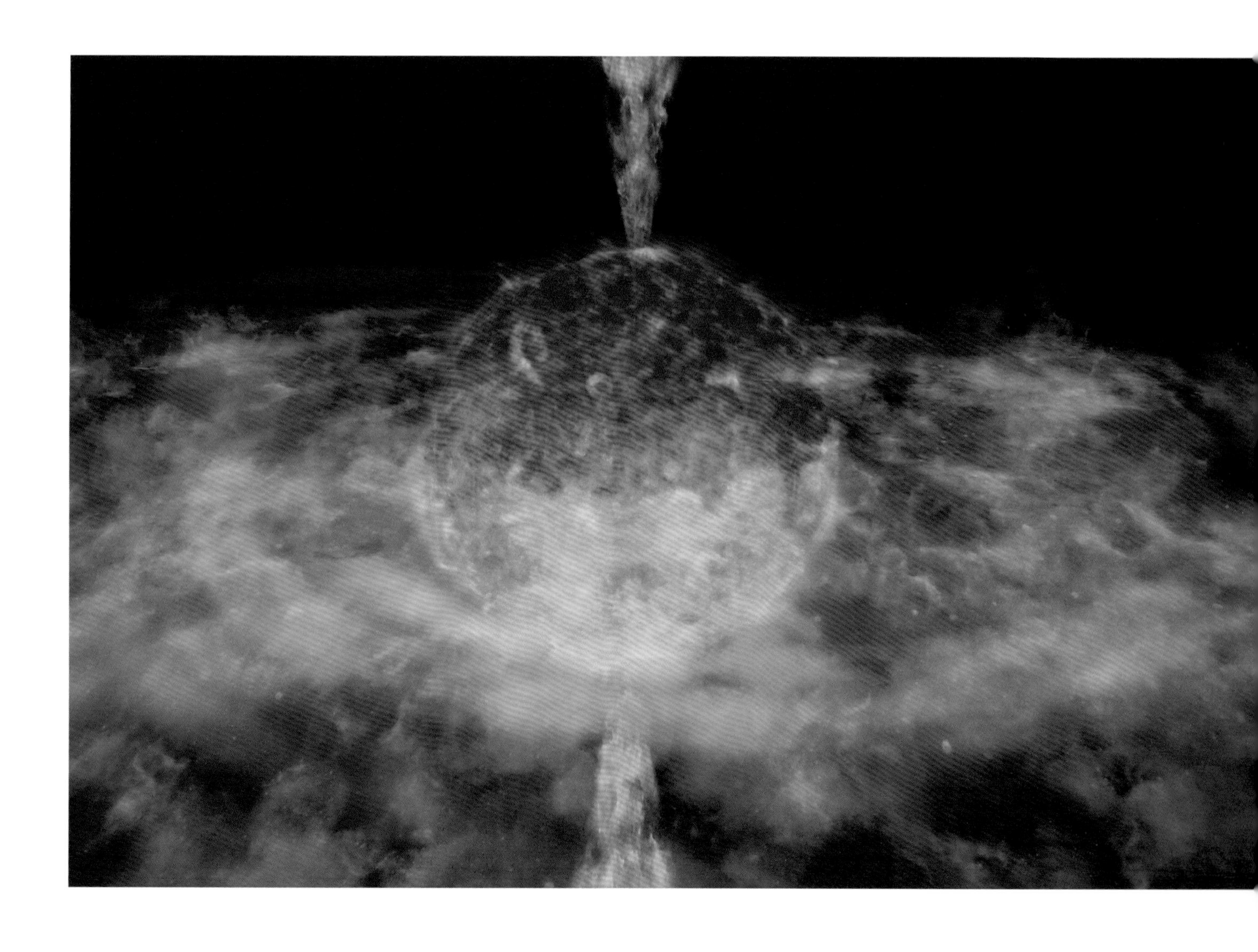

子变成了更重的元素，直到产生碳。

如果恒星的大小不足以产生融化碳的高温，恒星就会卡在这里。原子无法被聚变成新的原子，碳和氧开始在核心形成和聚集。随着恒星的核心吸引越来越多的物质，它开始升温。这会导致恒星的外层向外膨胀。

下图：从侧边观看，蚂蚁星云（Ant Nebula）拥有行星状星云典型的双极形状。一颗类似太阳的恒星将自己的物质从外层喷射出去，直到核心暴露出来，释放出照亮气体的光。这张图片结合了哈勃太空望远镜的可见光数据（绿色和红色）以及钱德拉X射线天文台的X射线数据（蓝色）。

红巨星阶段并不总是一个平静和连续的过程。相反，随着核心中的核聚变开始像耗尽汽油的汽车一样喷溅，这颗恒星就会开始不均匀地向外喷射物质。

天文学家曾经见到过大量处于这一阶段的恒星图像，他们将其称为“行星状星云”。这个名字让人有些困惑，因为它和行星一点儿关系也没有。行星状星云得到这个名字，只是因为历史遗留的缘故，在低功率望远镜下，它们很像有环系统围绕的行星，一直到几十年前，天文学家还都只能用这种望远镜。

如今，科学家们已经清楚地知道这些行星状星云代表垂死的恒星，和行星没有半点儿关系。当太阳进入这个阶段时——距离现在还有几十亿年，所以不要担心它会膨胀。这里所讲的膨胀不是膨胀一点，而是膨胀得非常厉害。实际上，天文学家推测当这件事发生时，太阳会向外膨胀得非常厉害，以至于吞没太阳系的内行星：水星、金星，甚至地球。然后，我们的太阳和它的同类恒星将继续以红巨星的状态存在，直到再也没有任何可以释放的外层物质。留下来的将是一个密度很大的小型内核，天文学家称之为白矮星。由于没有可以用于燃烧的燃料，白矮星只能漂浮在太空中，散发着剩余的热量。这个过程会持续几十亿年，然后在某个时刻，这颗恒星最终会从一块滚烫的余烬变得冰冷黑暗。

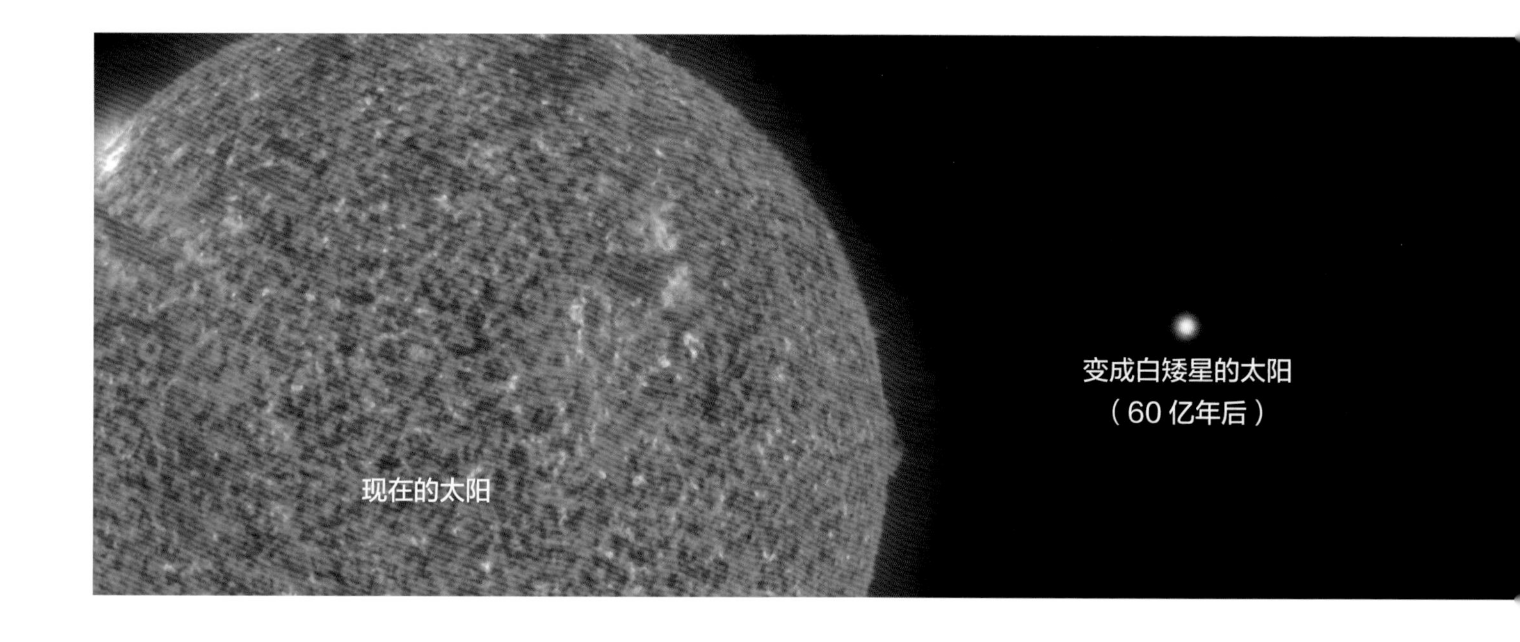

上图：这幅图展示了太阳现在的样子以及 60 亿年之后它成为一颗白矮星的样子的相对比较。

对于像我们的太阳一样或者更小的恒星，变成白矮星的缓慢过程是它们渐进而平静的命运，但是对于那些更大的恒星呢？简而言之，它们不会安静地走向死亡。我们可以将这些恒星界的大块头看作是宇宙中真正的派对动物。那是因为它们的核聚变并没有因碳核聚变而停止，它们会继续这个过程，制造出越来越重的元素，直到铁元素被制造出来。

当这颗恒星开始将铁聚变在一起，它就遇到了大麻烦。这是因为当两个铁原子结合时，它们实际上吸收了能量，而不是像其他原子那样释放能量。这会引发失控的连锁反应，导致恒星冷却，压力陡然下降。这最终将导致整颗恒星的戏剧性坍塌。

当这颗恒星坍塌到核心上时，它会反弹，将恒星的外层物质全部抛射到太空中去。天文学家将这种爆发称为超新星爆发。超新星爆发释放出的能量如此之大，以至于它们的光芒可以盖过整个星系。考虑到一个星系含有数十亿颗恒星，这就让人觉得更了不起了。

当这些大质量恒星经历超新星爆发时，仍然会留下恒星曾经的核心。然而，这个核心的密度现在更大了，因为核心的坍塌一直在继续，直到所有电子和中子都被挤在一起，就像一群人正急于穿过出口却无处可去一样。这个被压缩的天体被科学家称为中子星，它的密度是如此之大，一汤匙中子星的重量就超过 10 亿吨。换一种说法，一颗中子星的密度相当于我们的太阳那么大的天体压缩成一个宽度和曼哈顿地区相当的球体。

下图：这张插图展示了一颗恒星在一生中可能的变化路径，从一颗类似太阳的恒星（左下）变成红巨星（中上）、行星状星云（最右），最终成为一颗白矮星。

所有超新星都是恒星爆发的结果。但恒星还有其他爆发方式，天文学家正在非常努力地试图将每一颗恒星的死亡方式进行归类。某些恒星之所以变成超新星，只是因为它们过于庞大，当它们耗尽燃料时，就会发生自我坍塌。

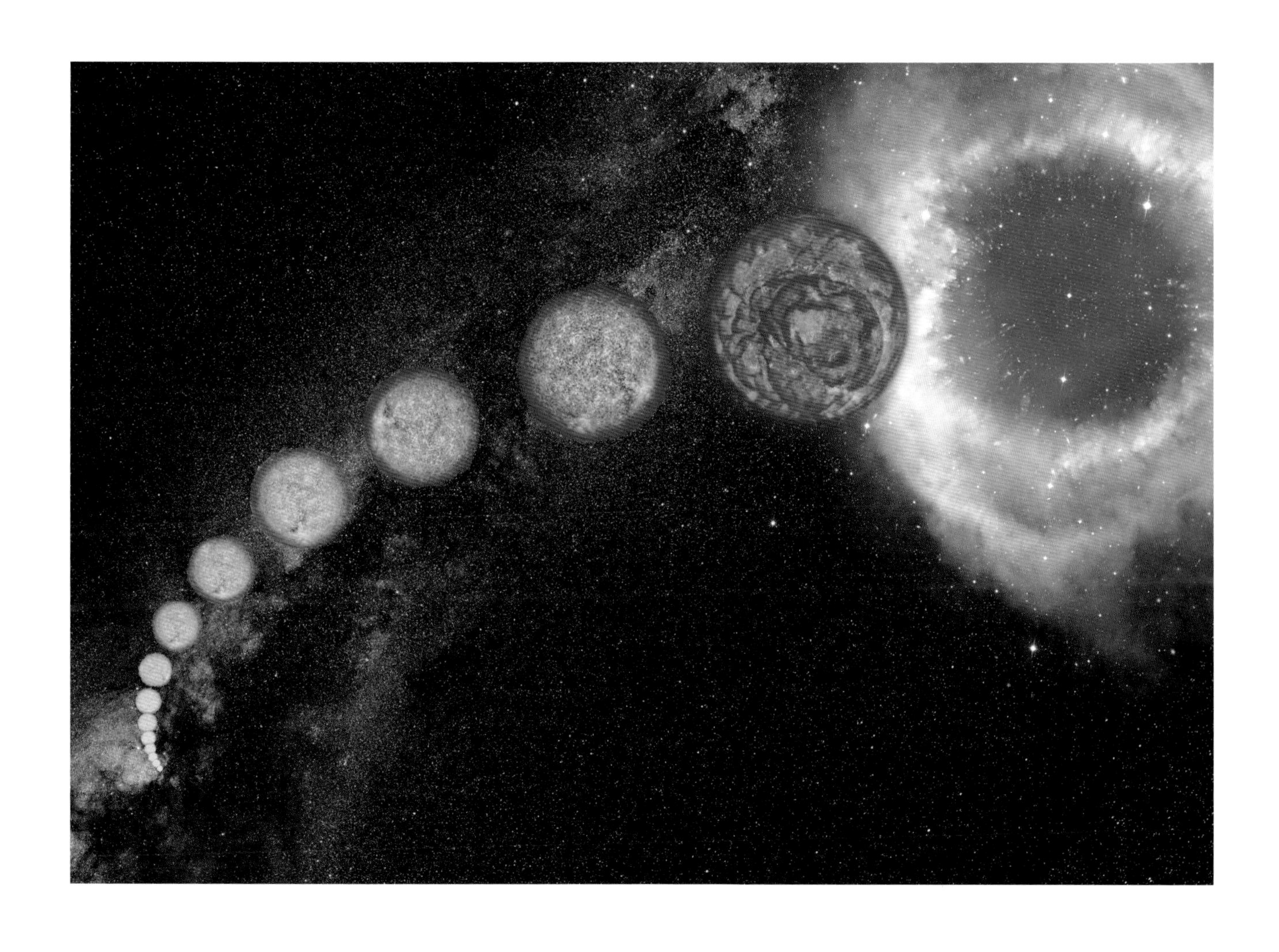

当一颗白矮星拥有近距离轨道上围绕它飞行的伴星时，会发生另一种超新星爆发。如果这颗白矮星足够大，它会用自己的超强引力将伴星的物质拉到自己的表面上来。最后，如果这颗白矮星将太多偷来的物质堆积在自己表面，就会引发一场热核爆炸，导致整颗恒星被炸飞。天文学家发现这种类型的超新星非常有用——它们每次爆发都会释放同样多的光，可以用来测量宇宙之间的广阔距离（在第 8 章，我们将讨论它们如何被应用于研究暗能量之谜）。

我们是恒星的产物

恒星的存亡与地球上的生命有什么相关性？答案是：一切都相关。

我们维持生命所需的所有元素——我们呼吸的氧气，我们骨骼中的钙，我们血液中的铁——都是在消逝已久的前几代恒星的熔炉中锻造出来的。这并不夸张。所有这些生命要素都在地球上，是因为它们被太阳诞生时的云团卷入了我们这颗正在发育中的行星。每当一颗恒星将它聚变出的元素释放到太空中去时，无论是以红巨星缓慢吹拂的方式还是超新星猛烈爆发的方式，它实际上都是在用这些重要元素丰富下一代的恒星和行星。

超新星遗迹——超新星爆发后留下的碎片场——就像雪花一样：没有任何两个是完全相同的。在我们看来，它们也是天文学中最壮观的景象之一。但我们看到的究竟是什么呢?

因为这些图片很多是合成的——也就是说，它们是用几种不同的光堆叠制作而成的，所以不妨将它们分解成由每一种光得到的图像，也许能够加深我们的理解。有一个著名的超新星遗迹是以约翰内斯·开普勒（Johannes Kepler）的名字命名的，他是一位著名的德国天文学家，生活在大约 400 年前。当开普勒（和其他人）在 17 世纪初看到这颗恒星爆发时，他看到的是一团明亮的光。然而如今我们能够看到的东西就丰富多了——尤其当我们用 X 射线观看这场超新星爆发的余辉时。

通过将红色赋予能量最低的 X 射线，绿色赋予能量中等的 X 射线，蓝色赋予能量最高的 X 射线，我们可以将三个切片分层叠加起来，得到一张三色图片。这种类型的分层让我们人类能够看到单凭肉眼无法看到的东西。

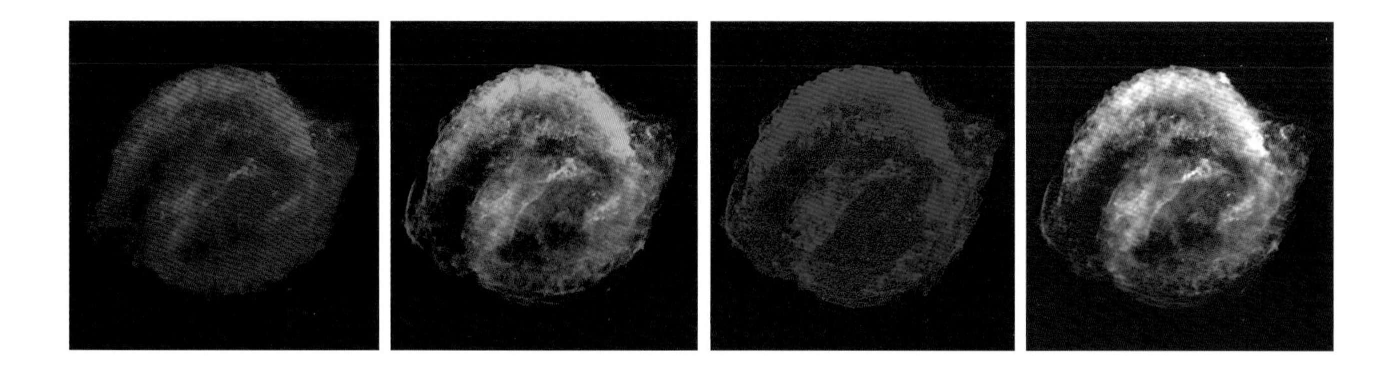

上图: X 射线下的开普勒超新星遗迹。三张 X 射线图片（低能量、中等能量和高能量）互相堆叠，得到最右边的X射线合成图像。

右图: 可见光、X 射线和红外光下的蟹状星云。将这三种光叠加起来，得到右下角的合成图像。

另一个关于不同类型的光分层叠加的例子是来自蟹状星云（Crab Nebula）。蟹状星云是太空中最著名的天体之一。它首次出现在大约 1 000 年前的夜空中，而且基本上每一座建成的太空望远镜都被用来观察过蟹状星云。在这里，我们将向你展示，当将可见光、红外光和 X 射线合并起来制作一张合成图像时，会发生什么。虽然我们喜欢任何一种光线下的蟹状星云，但我们认为右下角这张合成版本的图片终于开始告诉我们蟹状星云的整个故事了。

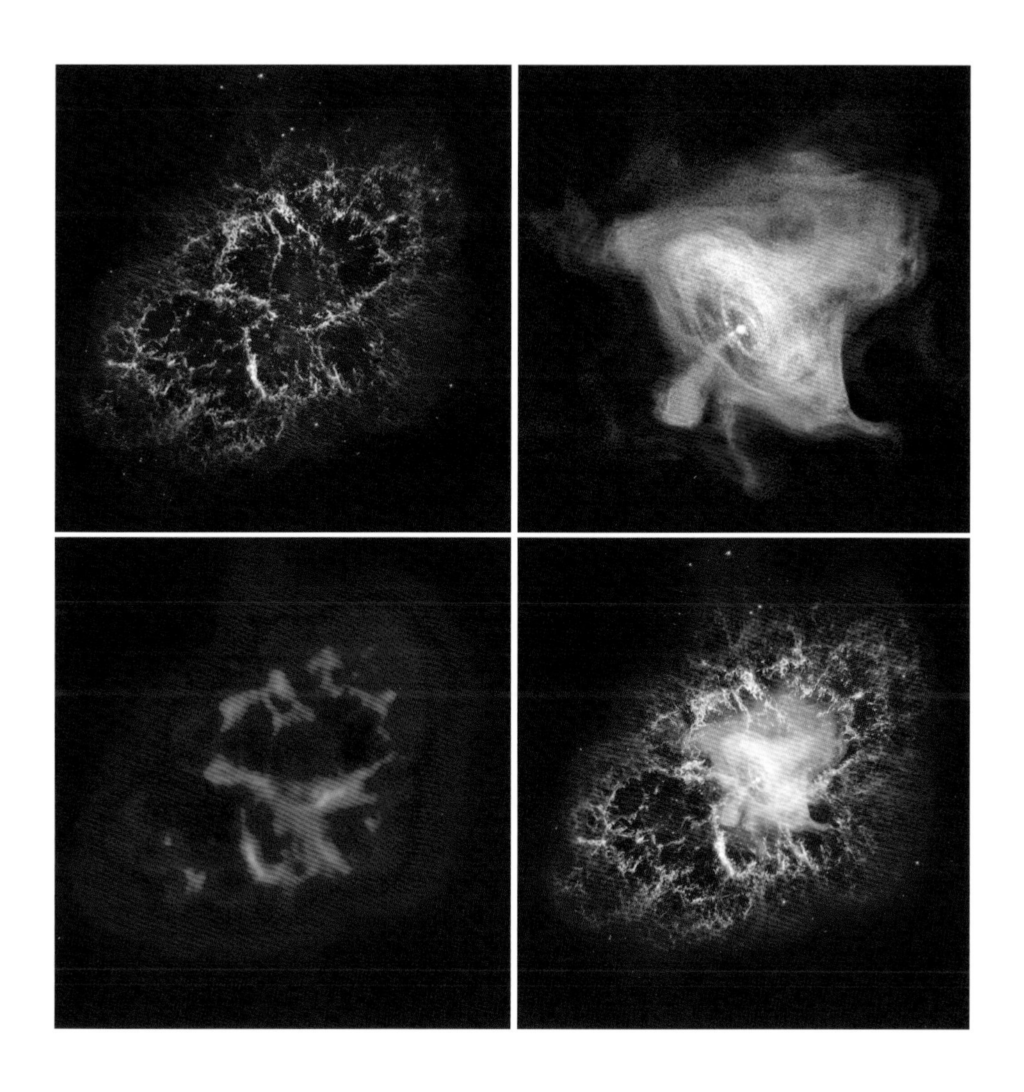

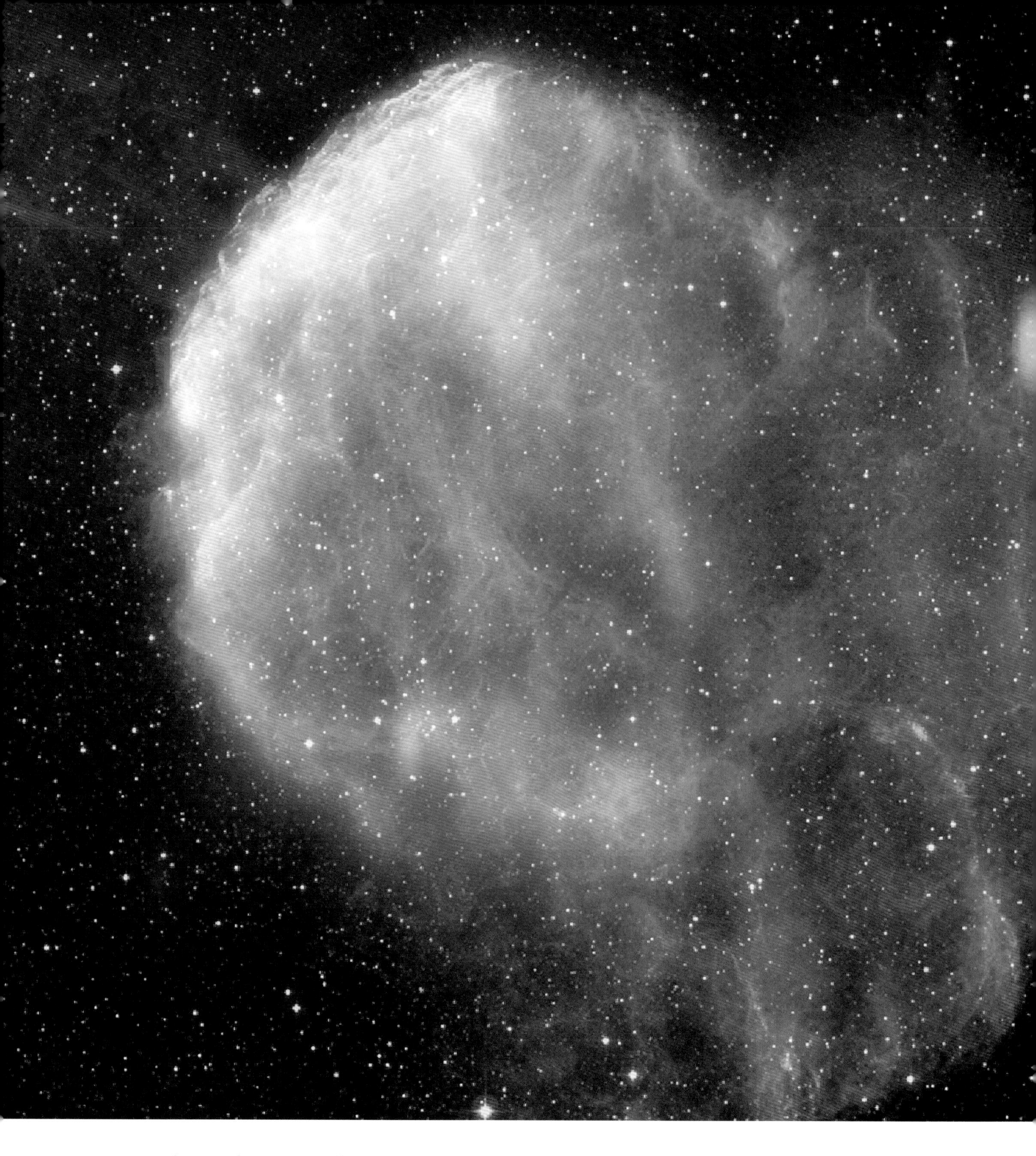

IC 443 是一个超新星遗迹，里面镶嵌着一颗中子星。这张合成图片中有三种不同类型的光，包括 X 射线（蓝色）、无线电波（绿色）和可见光（红色）。这颗中子星（图片中下部较亮的蓝色斑点）的位置和尾迹的朝向，让天文学家们困惑不解，他们原本以为它会出现在这个超新星遗迹的中心。

黑洞：小型、中型和大型

当一颗恒星的体积极为庞大时，它的命运会比壮丽的超新星爆发并创造出一颗中子星更加离奇。最大的恒星会继续坍塌，直至形成一个黑洞。当一颗恒星坍塌成黑洞，没有任何东西能够从它身边逃脱——甚至光也不能。我们之所以能了解这些极端天体的存在，是因为我们看到了黑洞周围的物体以及黑洞通过它强大的引力对周围环境所产生的影响。

数百年来，科学家们一直推测，某些恒星可能会坍塌变暗，它们的引力会变得极为强大，以至于没有任何东西，就连光都不能从它们身边逃脱。这些黑暗的恒星被称为黑洞，如这幅图所示。由于任何类型的光都无法从黑洞逃脱，我们无法直接观察到它们的样子。但是有一种方法可以找到它们，那就是使用能够探测 X 射线的望远镜，寻找从旋转向黑洞的炽热气旋中所散发出的高能辐射。

在很长一段时间里，黑洞一直被当作科幻小说的噱头，但是天文学家有确凿的证据表明它们确实存在。实际上，我们已经了解到许多关于黑洞的情况。天文学家认为它们至少有两种（也可能是三种）差异明显的尺寸。就像我们刚刚所讨论的那样，当巨大的恒星耗尽燃料并发生自我坍塌时，它们就形成了已知的最小的黑洞，称为“恒星质量黑洞”或“恒星黑洞”。

这些黑洞可能很常见，或者至少和超大型恒星一样常见。天文学家用望远镜仔细研究了一些最近的黑洞，现在我们已经相当了解它们的一些特征，例如它们的巨大的质量和超快的旋转速度。

同样地，天文学家还怀疑大多数星系（包括我们自己的银河系）的中心，包含着巨大的黑洞。我们将这些“巨兽”称为“超大质量黑洞”。 我们将在下一章中更详细地讨论这些星系“怪物”。

科学家们最近发现的证据表明还存在中等大小的黑洞。虽然关于这些中等质量黑洞的数据不如其他两类黑洞的数据那样确凿，但还是有很多人在寻找这些中等大小的黑洞。天文理论学家们也在争论这些中等大小的黑洞是如何形成的。虽然尚无定论，但恒星的死亡很可能和这个未解的谜团有关——这又成了我们着迷于恒星的另一个原因。

穿越时空

现在我们不妨暂停片刻，讨论一下太空探索中最令人困惑也是最引人入胜的一个问题。你看到的所有太空图片，包括恒星的图片，都是在时间长河中拍摄的快照，这意味着你正在回顾过去。

让我们首先将它与一种更熟悉的情况做个比较：在地球上，一个人的婴儿期照片和他成人后的照片，这之间的时差只有几十年。如果你不是从小到大都和这个人保持接触的话，你只能知道几十年前他还是婴儿时的样子。

来自太空的图片就像婴儿时期的照片一样，只是这些宇宙快照所代表的时差要长得多，通常以数百万年计，甚至以数十亿年计。从遥远星系发出的光需要这么多年才能抵达我们的眼睛或望远镜。这就是我们利用这些图像“回顾过去”的方式，就像我们在看家庭老照片时看到过去，仿佛穿越了时间一样。

但是如果这些天文图片是来自过去的快照，那么我们如何知道那个天体今天正在发生什么？答案是：我们当然不知道。就像你不可能通过看婴儿期照片知道失去联系的儿时伙伴长大成人之后发生了什么事情一样，我们不知道这些极为遥远的天体此时此刻正在发生什么。

可以这样想：太阳与我们相距不到 10 光分，而光从木星传播到我们这里需要半个小时多一点。我们此前提到过，太阳系外距离我们最近的恒星在大约 4 光年之外，所以比邻星“最近”的图片总是在向我们展示 4 年前所发生的事情。地球距离银河系的中心有 26 000 光年，所以现在任何来自那里的恒星或天体的信息，实际上都是来自于化石记录中尼安德特人消失的那个时间发出的光线。

比邻星周围的尘埃带。

恒星一窥

- 恒星的生命是有限的。它们诞生，度过一生，最终死去。
- 通常而言，恒星越小，寿命越长。恒星越大，寿命越短，死亡越壮观。
- 我们生存所需的所有元素——我们呼吸的氧气，骨骼里的钙，血液里的铁——都是在消逝已久的前几代恒星的熔炉中锻造出来的。

古老恒星与年轻恒星

心宿二，600 光年

这幅绚烂的景象展示的是一颗名为心宿二（Antares）的超大红巨星（左下方明亮的黄色恒星）的周围区域。这颗巨大恒星的直径约是太阳直径的 700 倍。如果我们的太阳系有一颗这么大的恒星，它将完全吞没包括火星在内的所有内行星。心宿二后面五彩缤纷的背景来自一团团的气体（粉色）和尘埃（黄色）。

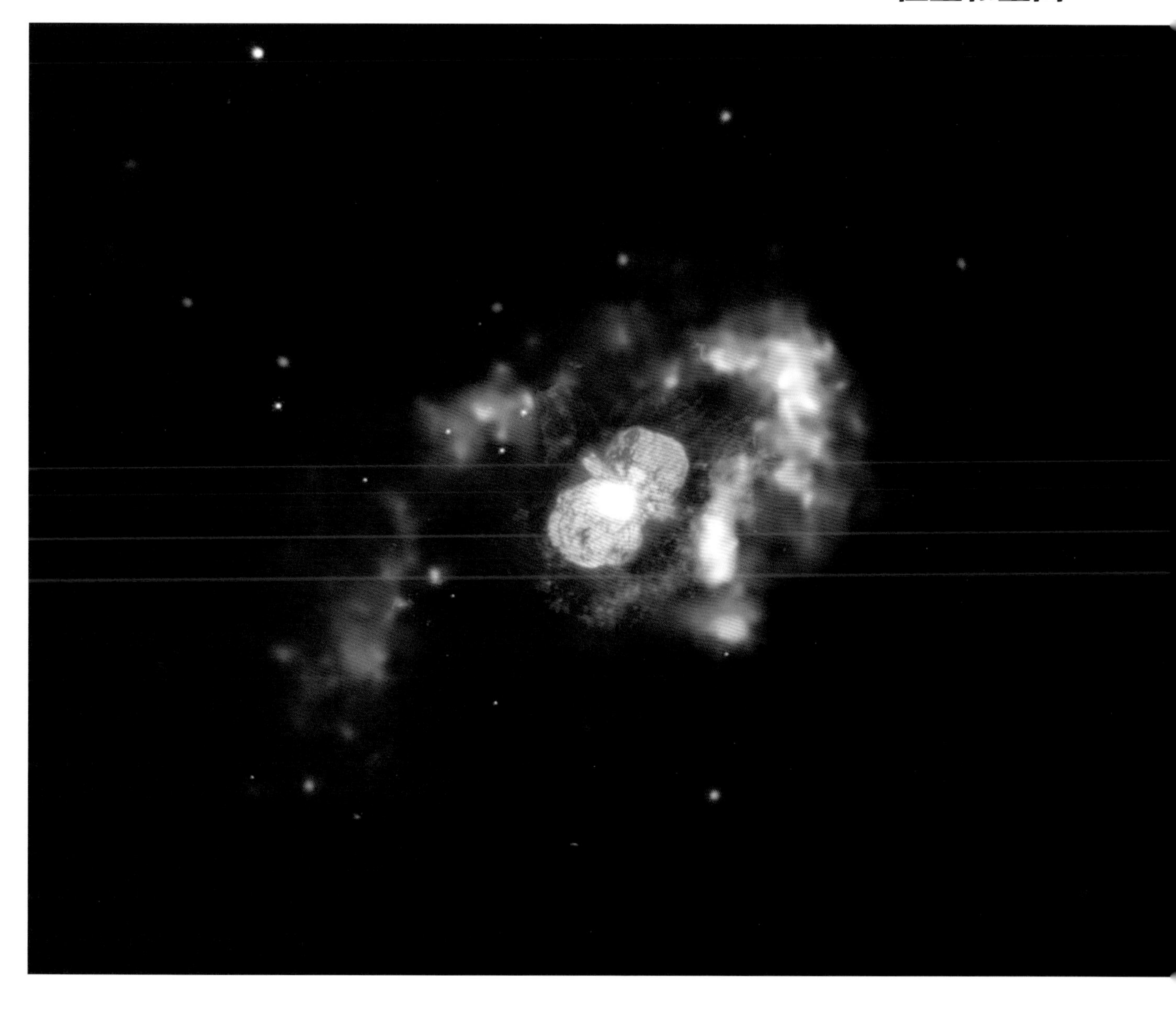

船底座海山二，7 500 光年

对于我们附近的船底座海山二（Eta Carinae）将会成为下一颗爆发的恒星这件事，天文学家愿意用真金白银来打赌。船底座海山二的质量是太阳质量的 100 ~ 150 倍，它正在迅速消耗自己的燃料。这张图片展示了船底座海山二在可见光（蓝色）和 X 射线（金色）下的样子。科学家们认为，当船底座海山二爆发时——无论是明天还是未来的几百年里——它将会变成我们夜空中一个非常明亮的天体。由于它和我们相距大约 7 500 光年，因此地球不会因为它的爆发而受到任何有害影响。

猎户座星云，1 500 光年

猎户座是北半球最著名的星座之一。寻找猎户座的一个方法是找到它的“腰带”。这张图片中从左下方到右上方的三颗最明亮的恒星被命名为参宿一（这是中国古代星座名，西方名为 Alnitak）、参宿二（Alnilam）和参宿三（Mintaka）。

NGC 3603 恒星形成区，20 000 光年

在我们银河系中的 NGC 3603 恒星形成区包含着一个庞大的年轻星团，内部笼罩着气体和尘埃。科学家认为这个星团中的恒星是在大约 100 万年前的一次大型且快速的恒星形成过程中产生的。位于这个星团核心的炽热恒星，在气体中制造出了一个巨大的空腔。

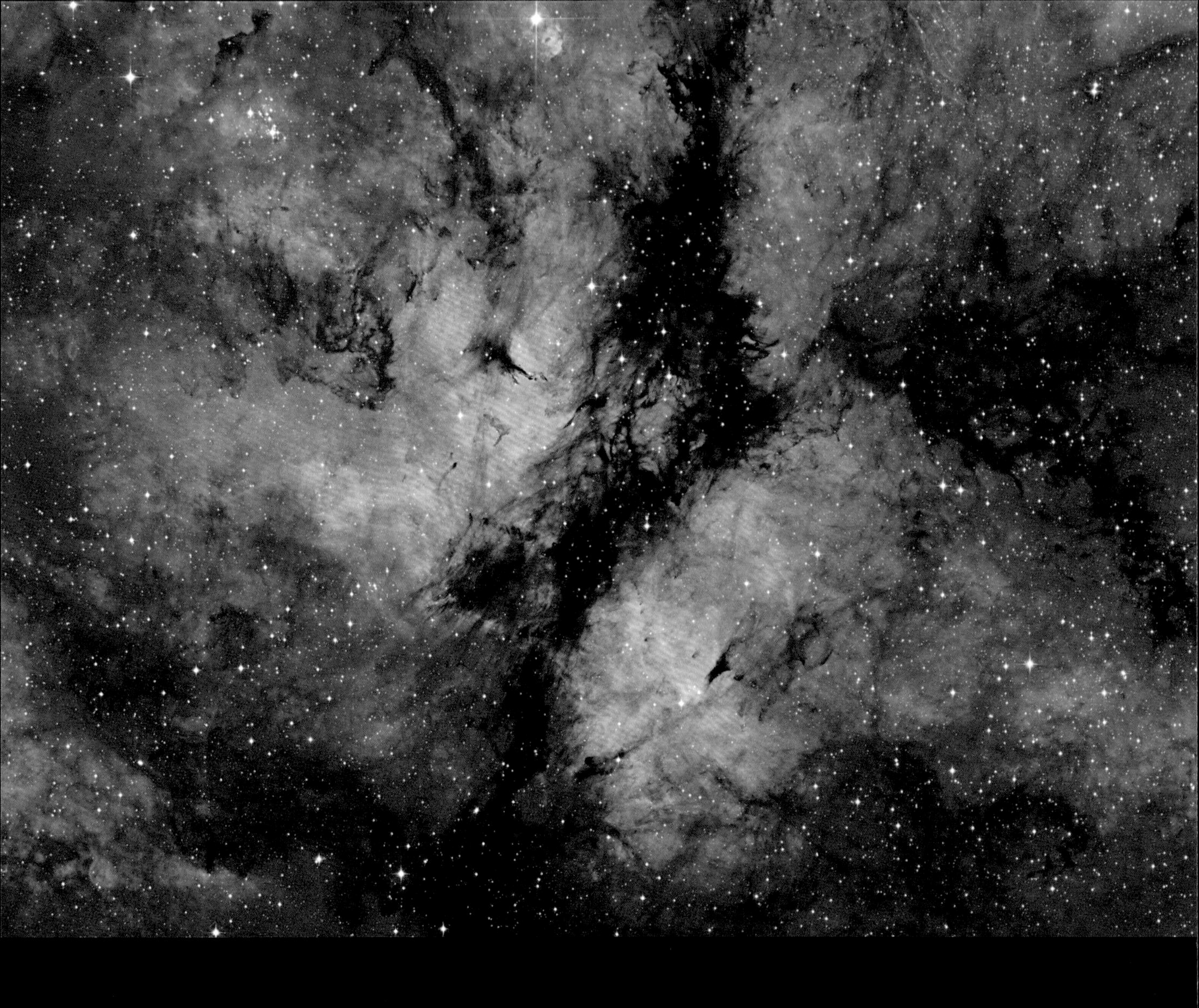

蝴蝶星云，3 700 光年

蝴蝶星云（Butterfly Nebula，又称 IC 1318）得名于它的双翼外形。它是一个庞大的气体和尘埃云团，炽热的年轻恒星在其中孕育形成。氢（绿色）、氧（蓝色）和硫（红色）描绘出了一幅五彩缤纷、杂乱无章的景象。尘埃在中央切割出一条黑色小道。

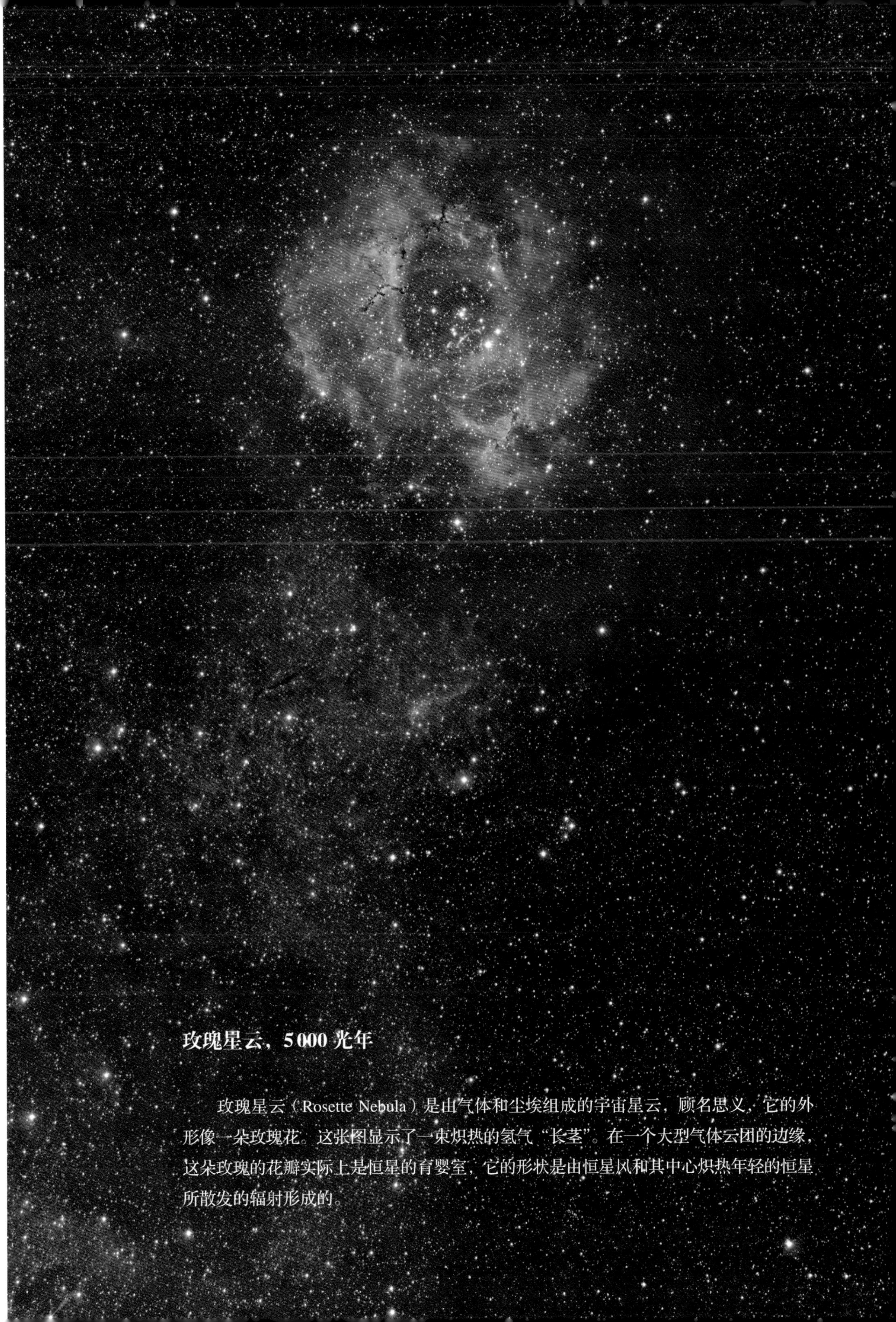

玫瑰星云，5 000 光年

玫瑰星云（Rosette Nebula）是由气体和尘埃组成的宇宙星云，顾名思义，它的外形像一朵玫瑰花。这张图显示了一束炽热的氢气“长茎”。在一个大型气体云团的边缘，这朵玫瑰的花瓣实际上是恒星的育婴室，它的形状是由恒星风和其中心炽热年轻的恒星所散发的辐射形成的。

天鹰星云，7 000 光年

天鹰星云（Eagle Nebula）是最著名的天文学景象之一。这要归功于哈勃太空望远镜于1995 年公布的一张标志性图片。这个版本的图像比哈勃望远镜所拍摄的图像拥有更宽大的视野，是由亚利桑那州的基特峰国家天文台拍摄的。图像中央是被称为“创造之柱”的柱状尘埃。在这里我们看到它们只是一个较大的由恒星所形成的空腔的一部分，其中心有一个年轻的星团。各种颜色代表氢（绿色）、氧（蓝色）和硫（红色）所散发出的可见光。

反射星云，500 光年

这张图片展示的是南冕星座（Corona Australis）中的一个星云，我们可以从中看出一条星际尘埃的长尾巴反射着附近恒星的光，熠熠生辉。在某些区域，尘埃积聚并形成浓密的气体云，科学家认为那里是年轻恒星的诞生地。

蜘蛛星云，160 000 光年

剑鱼座 30（30 Doradus）是一片庞大的恒星诞生区。它又被称为蜘蛛星云，因为它发光的细丝状结构看上去像蜘蛛腿。在这个星云中，成千上万颗大质量恒星正在制造强烈的辐射和强大的恒星风。钱德拉 X 射线天文台检测到了被这些恒星风和超新星爆发加热到数百万度的气体。在这张合成图片中，这些 X 射线，显示为蓝色，它们是由这种高能量恒星活动所造成的激波前（与音爆类似）激发出来的。通过斯皮策太空望远镜的红外辐射（橙色）观测技术，我们可以看到这种热气体在周围较冷的气体和尘埃中切割出了巨大气泡。

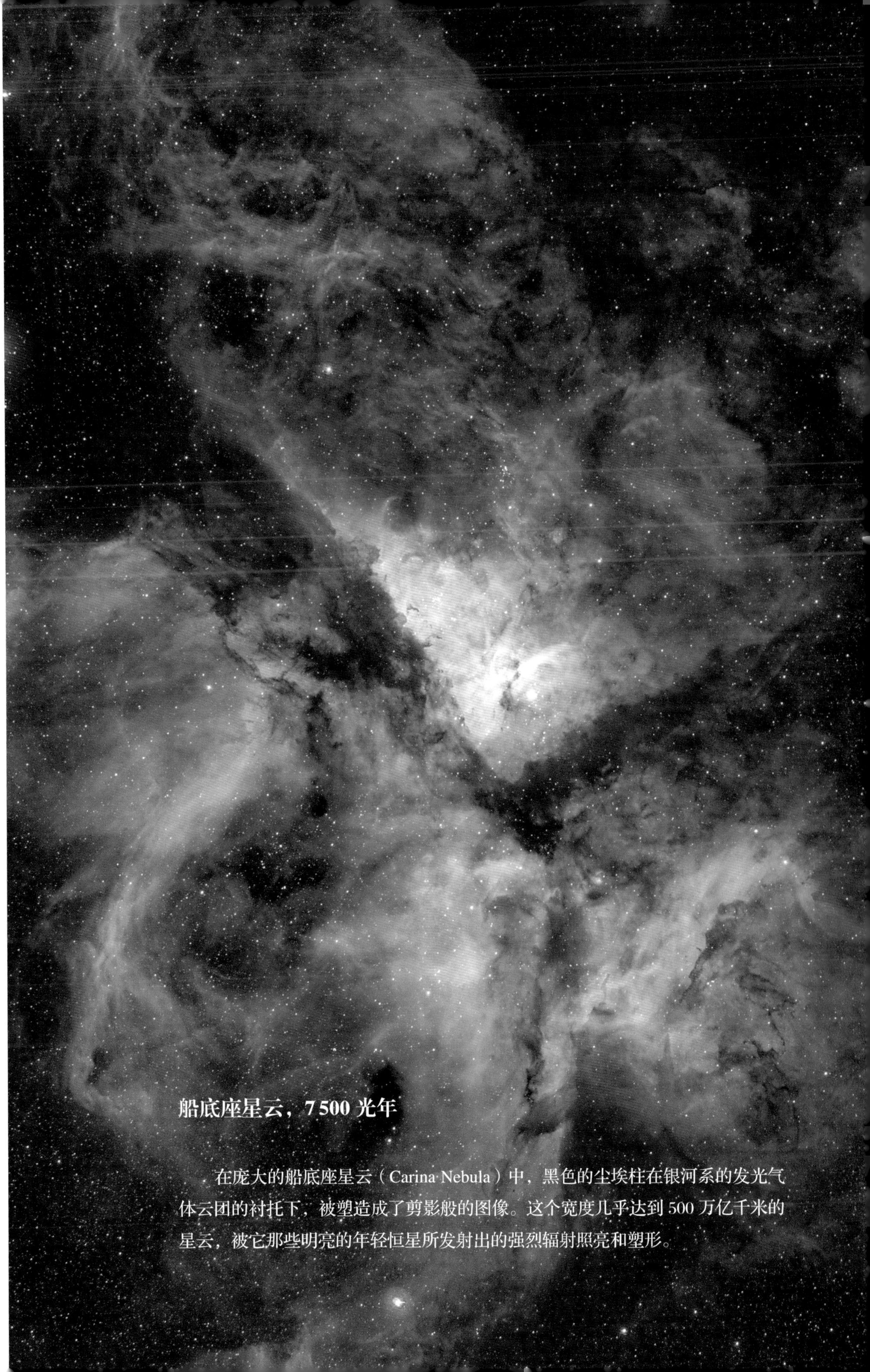

船底座星云，7 500 光年

在庞大的船底座星云（Carina Nebula）中，黑色的尘埃柱在银河系的发光气体云团的衬托下，被塑造成了剪影般的图像。这个宽度几乎达到 500 万亿千米的星云，被它那些明亮的年轻恒星所发射出的强烈辐射照亮和塑形。

行星状星云和超新星遗迹

爆发恒星 E0102–72.3，190 000 光年

爆发恒星（E0102–72.3）留下的碎屑位于小麦哲伦星云中，这是距离银河系最近的星系之一。它是由一颗比太阳大得多的恒星爆发时产生的，1 000 年前在地球的南半球上可以看到这次爆发。现代 X 射线和红外望远镜展示了超新星爆发产生的外部冲击波（蓝色）和里面一圈温度较低（橙红色）的物质。一颗大质量恒星（这张图中没有显示）正在照亮图片右下方的由气体和尘埃组成的绿色云团。

旋涡星云，690 光年

旋涡星云（Helix Nebula）是行星状星云中距离我们最近而且最令人印象深刻的例子。我们在地球上通过望远镜可以看到从旋涡星云中抛出的气体像一枚甜甜圈。然而有证据表明旋涡星云实际上是由两个几乎彼此垂直的气体圆盘构成的——想象一下，就像有一层气体向你喷涌而来。一颗看不见的伴星也许是导致这种复杂结构的原因所在。

仙后座 A，11 000 光年

三百多年前，仙后座（Cassiopeia）中一颗恒星爆发后的第一束光抵达地球。我们的银河系中的尘埃和气体在很大程度上掩盖了这次爆发，所以有关该事件的报告很少而且难以验证。近年来，这颗恒星的遗迹已经得到了天文学家的确切记录，现在被称为仙后座 A。这张 X 射线图片展示了它的复杂结构，就像一片迷幻的雪花；这种复杂结构是由于恒星的不同元素层在爆发过程中被喷射出来，并被加热而导致的。

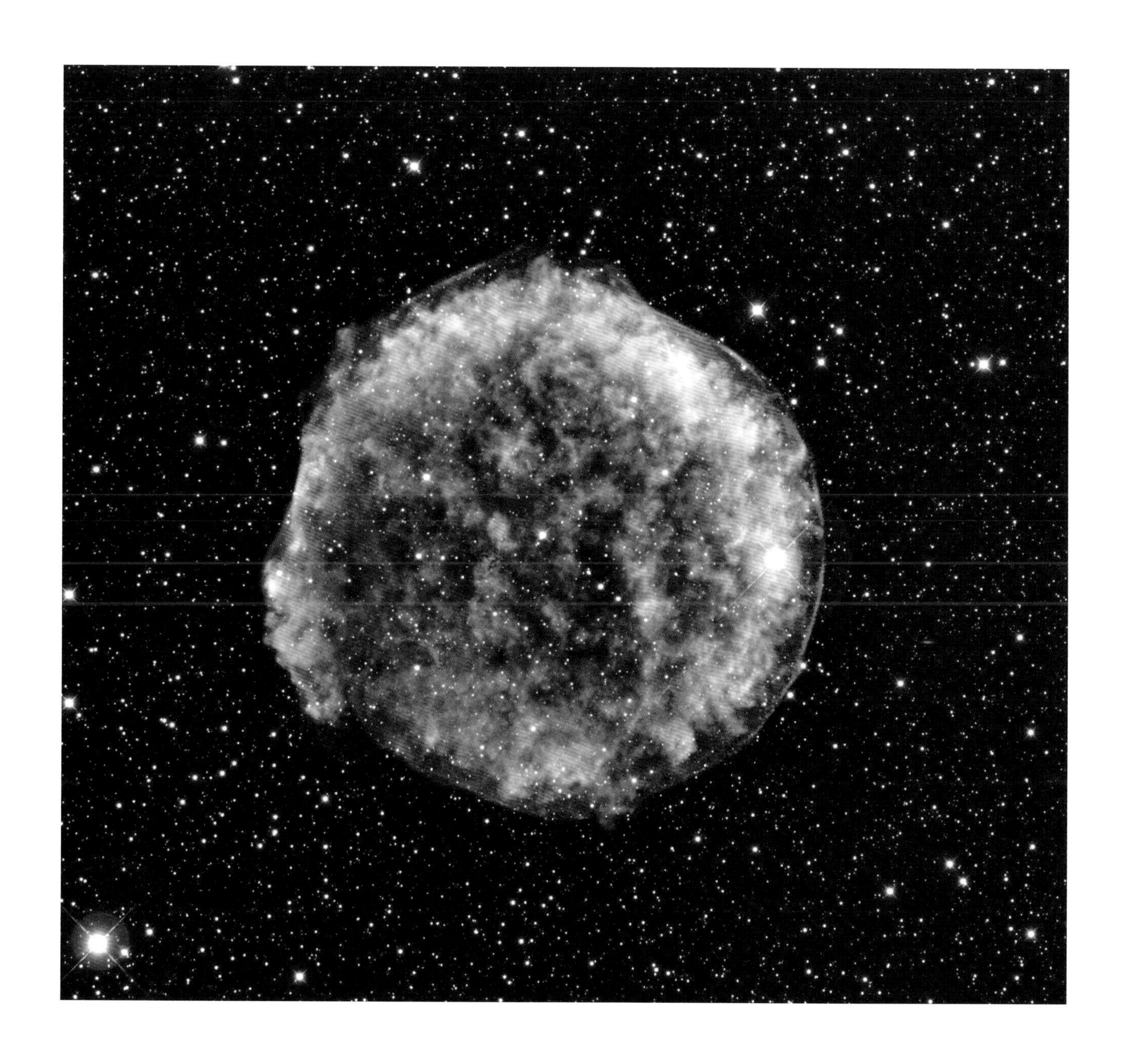

第谷超新星遗迹，7 500 光年

1572 年，丹麦天文学家第谷·布拉赫（Tycho Brahe）目睹了一颗恒星的爆发，后来这颗恒星被称为第谷超新星。四个多世纪后，爆发留下了炽热的碎片云（绿色和黄色）。这些碎片云以约每小时 1 000 万千米的速度移动，生成了两道放射性 X 射线的冲击波，一道冲击波向外扩散进入恒星外侧的气体（被看作是一个蓝色球体），另一道冲击波则往回收缩进入碎片云。这些冲击波会在压力和温度上突然发生剧变，就像飞机的超音速运动所造成的音爆一样，但是程度要剧烈得多。

超新星遗迹 G292.0 + 1.8，20 000 光年

超新星遗迹 G292.0+1.8 的这张 X 射线图片展示了一种正在快速膨胀的气体外壳，其中含有一些重要的元素，例如硫和硅（蓝色）、氧（黄色和白色）和镁（绿色）。这些元素对于我们在地球上的生存至关重要，它们是在这颗恒星还活着以及这次爆发时创造出来的。这种爆发散播了形成太阳以及太阳系所必需的元素。

超新星遗迹 N132D，160 000 光年

在这张图片中，名为 N132D 的超新星遗迹已经进化成了一个非同寻常的马蹄形，在成千上万的星星衬托下，看得越发清楚。当一颗质量相当于 20 个太阳的恒星坍塌并爆发时，它产生的冲击波会将恒星周围的气体加热到数百万度，这个温度是用 X 射线（蓝色）检测出来的。可见光数据（粉色和紫色）显示的则是温度较低的气体和一个明亮的小型新月状气体云团。

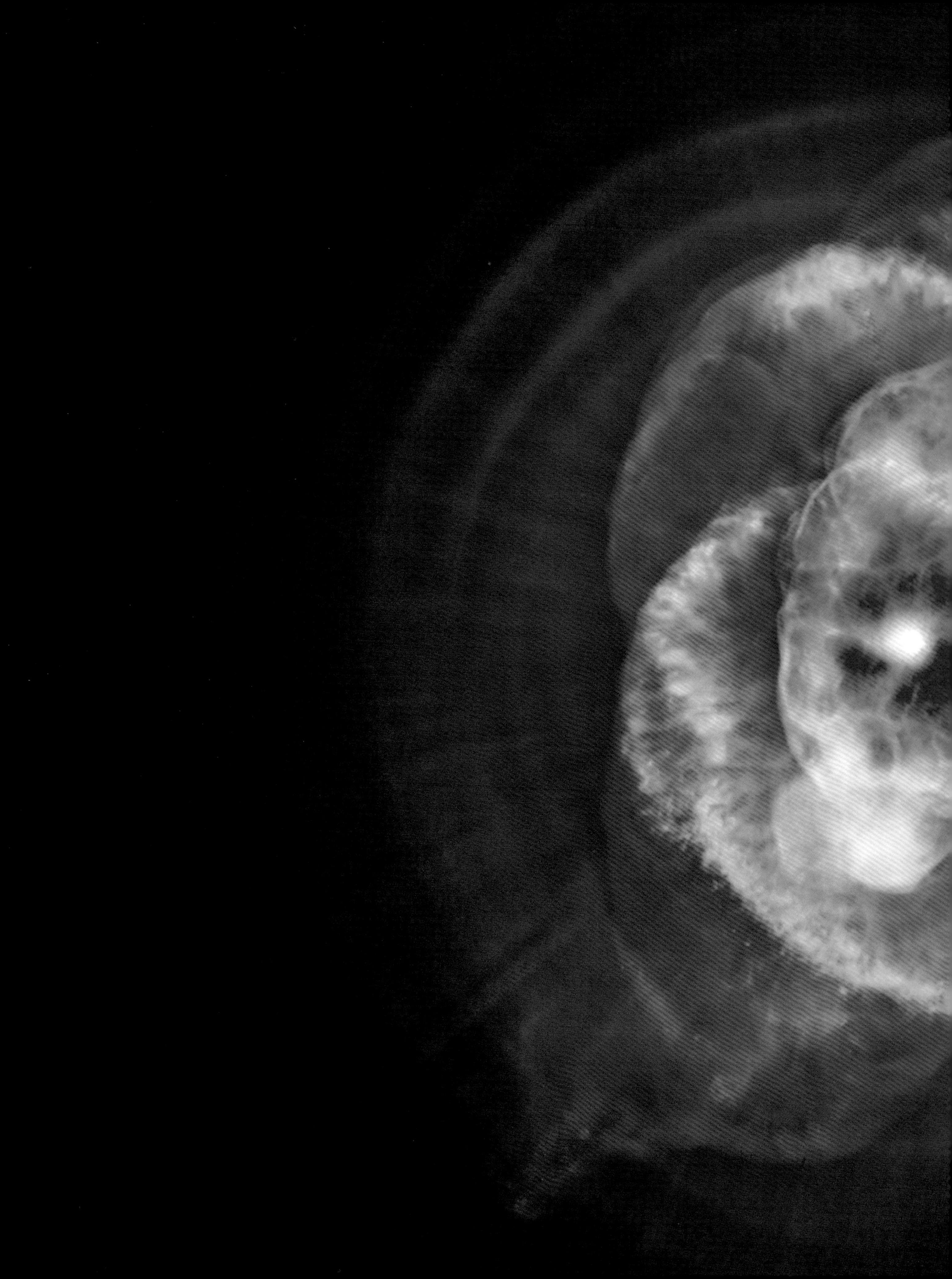

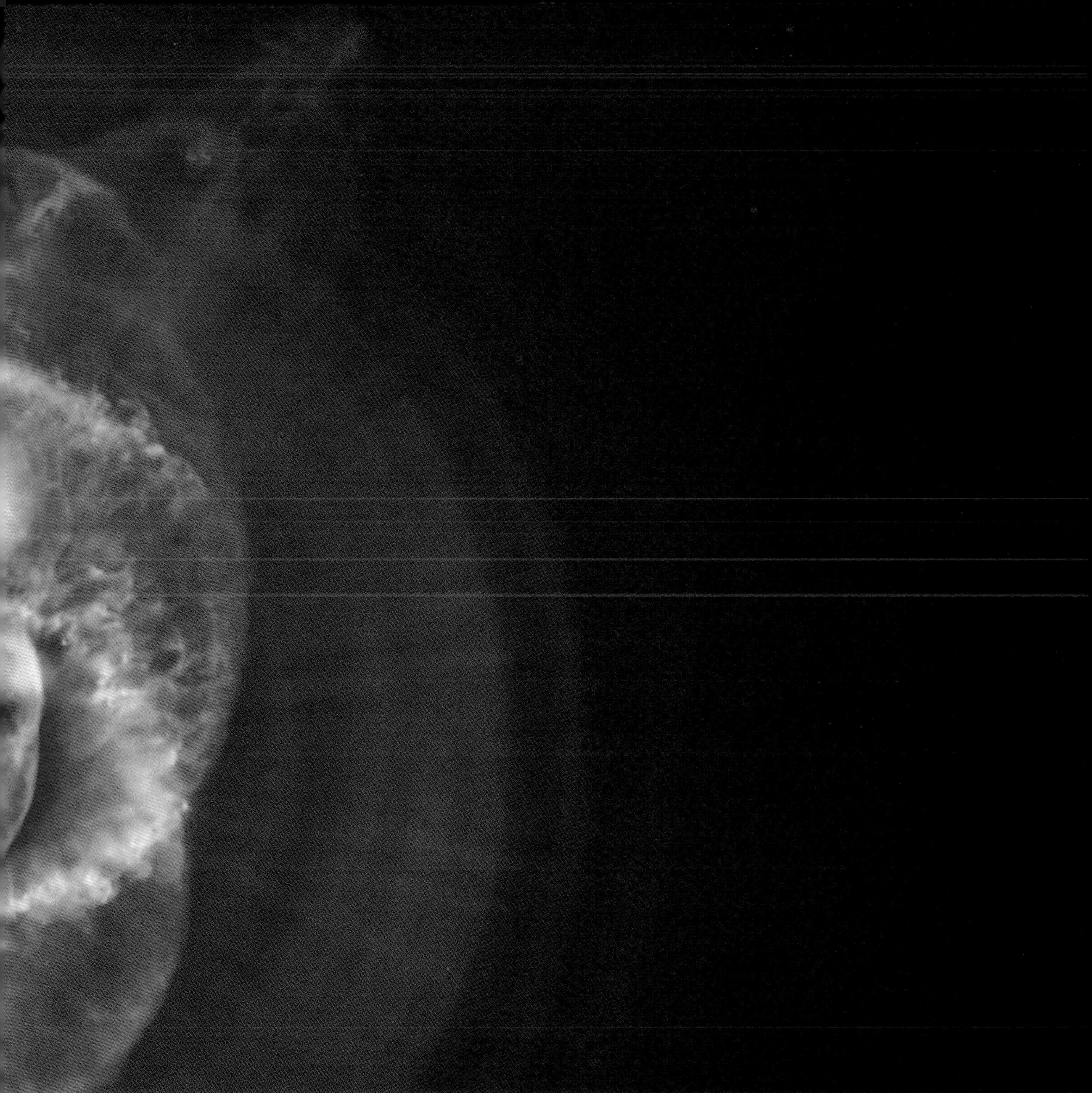

猫眼星云，3 000 光年

我们的未来会怎样？最终，太阳将耗尽燃料，寿终正寝。当它走向死亡时，它会进入一个特殊的阶段，正如这里所展示的猫眼星云一样（行星状星云是个充满误导性的称呼）。当太阳这样的恒星耗尽其核燃料时，它会释放出自己的外层物质。这颗恒星（图片中央明亮的白色物体）照亮了被喷射出的物质，使其呈现出迷人的图案和结构。这件事最终将会发生在太阳身上，但在大约 50 亿年内都不会发生。

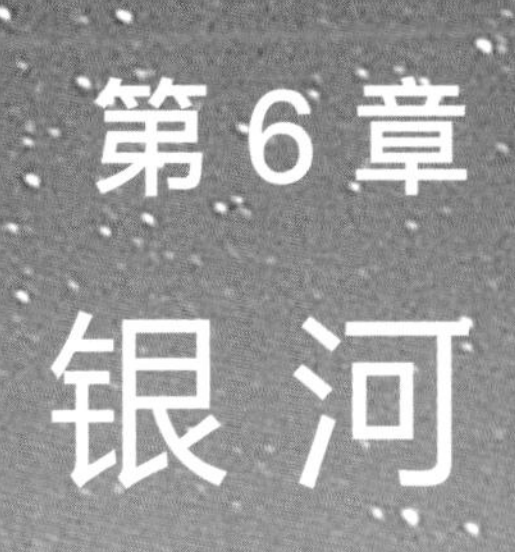

第6章 银河

我怎么会感到寂寞呢？我们的地球不是在银河之中吗？

——亨利·戴维·梭罗（Henry David Thoreau）

P150–151 图：在这张拍摄于加拿大安大略省的照片中，夜空中的白色光带就是银河系的中心地带。

如果恒星像人一样的话，那么它们住在哪里呢？或许会像地球上大多数的人类一样，聚集在城市里。太空中相当于城市的环境就是星系。20 世纪 20 年代，一位名为爱德文·哈勃（Edwin Hubble）的天文学家——数十年后将有一台非常著名的望远镜会以他的名字命名——发现银河系之外有许多恒星是成群出现的。他将它们称之为“岛宇宙”。现在我们将它们称为星系。

在哈勃之前的数千年里，人们抬头仰望舒展在夜空中的白色光带。在希腊语中，牛奶是“galax”。古希腊人将我们头顶的这条白色光带称为“牛奶圈”（milky circle），又称“牛奶路”（milky way），这就是“银河系”的来源。如今我们知道银河系是我们的家园星系，是由数十亿颗独立的恒星组成的。我们所看到的白色光带是银河系的中央地带，而我们就飘浮在银河系的一条分支上，距离银河系的中心大约还有 2/3 银河系半径的路程。

我们的“岛宇宙”

我们生活在一个名为银河系的星系中。但这到底意味着什么呢？一个星系包含了数十亿颗恒星，我们的银河系也不例外。这些恒星中的许多（很可能是大多数）拥有围绕它们旋转的某种行星系统。因此，我们的岛宇宙居住着数十亿颗恒星和行星“居民”。

但这还不是全部。除了居民之外，一座宇宙城市还需要有配套的基础设施。气体和尘埃就是其基础设施，类似于连接各个地点的街道和小巷。虽然当我们想起地球上的尘埃时，我们的思绪可能会转向家具下面那些讨厌的尘土和宠物毛发。然而，宇宙中的尘埃可和地球上真空吸尘器的尘土不一样。这个术语可以用来指大小不一的颗粒，既包括只有几个分子的微粒（其大小为 1/10 000 000 米），也包括从 1 英寸（2.5 厘米）到数英寸不等的小碎片。银河系的气体主要是氢气和氦气，以及被扔进来的少量其他元素。气体和尘埃都在银河系中大量存在，有助于天体塑形。我们可以使用不同的望远镜追踪银河系中的气体和尘埃，包括那些能够检测无线电波和红外辐射的望远镜。

在银河系中，同样至关重要的是一些看不见的元素。在地球上的城市里，这包括下水道、管道、地下电缆，等等。在星系中，这些看不见的元素是一种被称为暗物质的材料。天文学家之所以用这个神秘的名字来称呼它，因为它是黑暗的，也是未知的。

几个世纪以来，天文学家一直在用某些基本的物理规律来测量他们看不见的东西。以宇宙中两个已知距离、沿着固定轨道互相环绕的天体为例。假如你知道其中一个天体的质量，但不知道另一个天体的质量。在这时，如果你能知道未知质量天体的飞行速度，你就能用简单的公式算出它的质量（试试在网络上搜索“牛顿定律”，了解更多内容）。

纵贯这张图片的是平面银河系的一部分，从中可以看到拥有明亮恒星的广阔云团和黑暗尘埃带。

20 世纪 60 年代，天文学家维拉·鲁宾（Vera Rubin）等人试图将这种计算方法应用在星系上。她观测了云团围绕星系外侧旋转的移动速度，这让她感到十分惊喜。根据云团移动速度计算出的重量，比她将所有恒星、气体、尘埃和能够用望远镜看到的一切物质的总重量，大了 4 倍多。

左图：艾贝尔 1689（Abell 1689）是一个距离地球 20 多亿光年的星系。虽然无法看到暗物质，但这张分布图用一层覆盖在普通星系（用黄色和白色表示）上的蓝色指明了它的存在范围。

天文学家后来推断，在星系和宇宙的其他区域，有很多我们看不到的东西，用我们目前建造出来的任何类型的望远镜也无法看到。天文学家提出了“暗物质”这个术语，因为它不发射光线。然而，它确实有引力效应，会影响星系中云团的旋转速度。所以天文学家只能通过观察暗物质对我们能用望远镜看到的东西的影响，来了解它的存在。

关于暗物质究竟是什么，存在几种不同的假说，许多科学家正在努力解决这个问题，使用的手段既包括地球上的粒子物理实验室，也包括太空中的望远镜。然而，大家的共识是，暗物质的真正本质就像几十年前科学家首次检测到它时一样神秘。

测绘银河系

既然已经知道了星系的基本组成，现在我们可以看看银河系拥有怎样的布局。按照非常笼统的视觉描述，银河系的形状就像一张巨大的薄饼，并有一个垒球从中心穿过。银河系中的大多数恒星，包括太阳，位于银河系的圆盘中。银河系的圆盘横跨 10 万光年以上。就像土星的环一样，银河系的圆盘是扁平的——厚度只有大约 1 000 光年。换句话说，银河圆盘的形状和厚度就像一张超大的黑胶唱片或者光盘。

银河系的圆盘不是一个完美的圆形，而是呈螺旋状，就像鹦鹉螺一样从中央伸出几条旋转的手臂。由于这种特别的形状，天文学家将银河系以及其他类似的星系归类为旋涡星系。据估计银河系主要有四条旋臂，我们的地球就坐落在其中的一条旋臂上。换句话说，在太空这座城市里，人类只是生活在银河系的郊区。

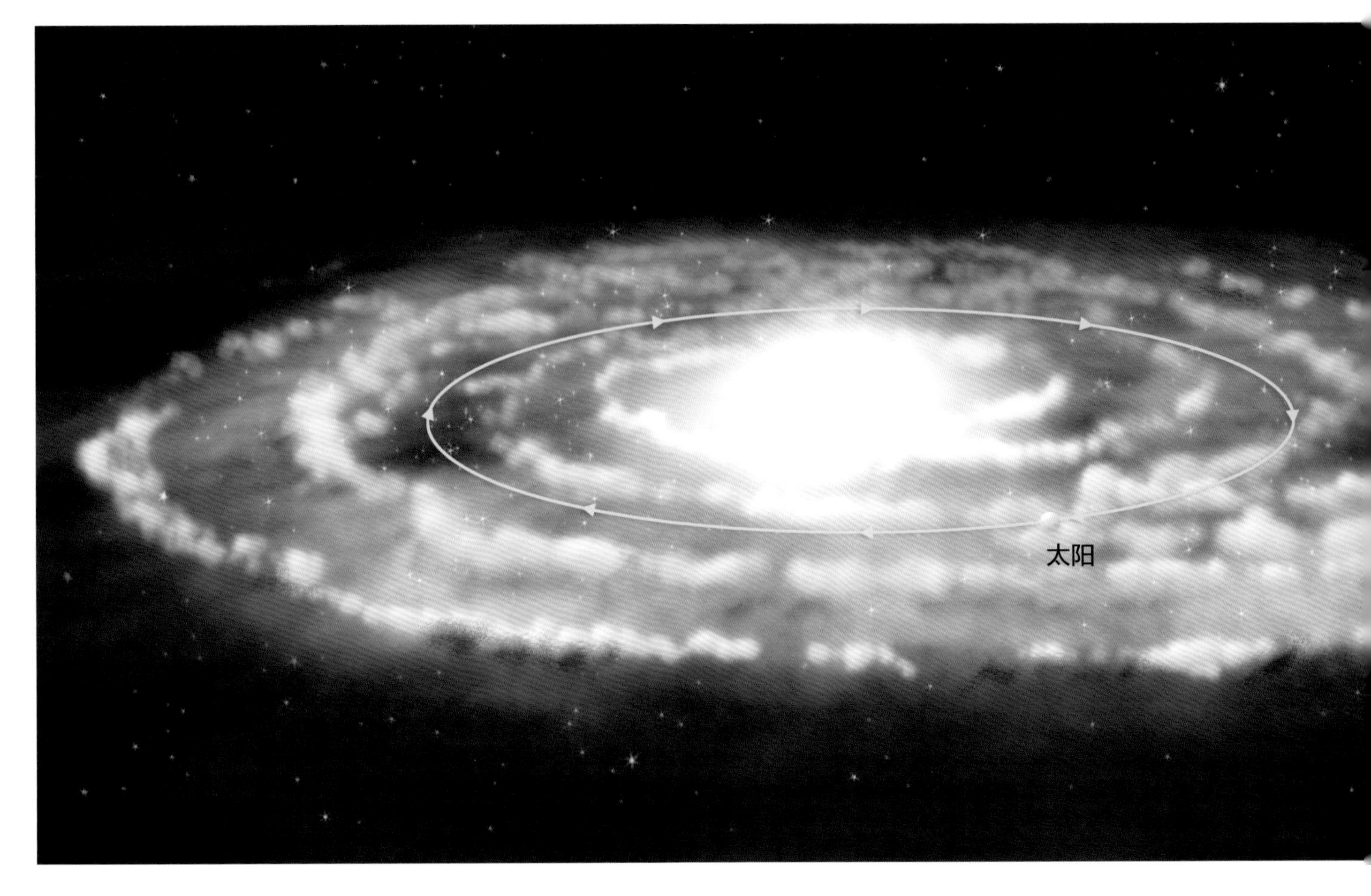

我们的太阳系围绕着银河系运行。目前，我们还无法在银河系之外自拍，但是科学家能够测绘出我们在更遥远的太空视角下是什么样子。

银河系中心

如果我们朝银河系中心前进，圆盘会加厚变成球形，那里有数百万颗恒星（也就是那颗垒球所在的位置）。在银河系的正中央有一个巨大的黑洞，天文学家称之为人马座 A*（Sagittarius A*，简写为 Sgr A*）。这个“巨兽”的质量大概是太阳质量的 400 万倍。

科学家认为大多数星系的中心都有一个巨大的黑洞。然而人马座 A* 很特别，因为它属于我们的家园星系银河系。因为它距离我们这么近，所以与任何同类型的黑洞相比，我们可以更容易、更详细地研究它。

想要获得关于人马座 A* 以及它位于银河系中央的邻居的信息，并不总是那

么容易。因为来自银河系中心的大部分、能够被光学望远镜（几十年前这还是我们人类仅有的工具）检测到的可见光，都被银河系圆盘中的气体和尘埃吸收了。我们必须越过 26 000 光年的气体和尘埃，才能看到这些来自银河系“闹市”区的光。如果只能用我们的眼睛或者强大的光学望远镜，我们还是无法看到更多的东西。

当我们发明出能够检测类型不同并能穿透气体和尘埃的光的望远镜之后，我们对银河系中心的了解就大大提高了。例如，无线电波的波长很长，所以它们不会被银河系的气体和尘埃阻挡。同样地，X 射线的能量很强，所以它们能够穿透大部分的尘埃和气体。射电望远镜直到 20 世纪 30 年代才发明出来。科学家需要等到 20 世纪 60 年代的太空时代，他们才能将对 X 射线和其他高能辐射敏感的设备和探测器发射到地球上空。

利用无线电波和 X 射线望远镜以及其他信息来源，天文学家已经能够看到位于银河系中心的这个巨大的黑洞正在做些什么。那它平常都在干什么呢? 大多数时候，它喜欢安静地待着。我们在下一章中将会看到，某些黑洞非常活跃地吞噬着它们周围的其他物体（可以通过观察它们周围发出多少光来判断这一点）。然而，银河系的黑洞显然没有太多东西可以吃，只是偶尔吃点儿小点心（在这里，“小”指的是，相当于一颗行星甚至彗星那么大的东西）。但这并不意味着观看它很无趣。相反，仅仅只是观察一颗像人马座 A* 这样普通的黑洞在做什么，以及不做什么，科学家也能了解到很多关于黑洞的东西。

银河系中心以及其他星系中心的黑洞并不只是毁灭的预兆，正好相反，它们很可能还负责生长和哺育。换句话说，我们可以把银河系的黑洞看成闹市区的某项富于侵略性的产业。它会吞噬一些自己的邻居，但是它也会为该地区做出重要的积极贡献。黑洞不仅会吞噬物体，它还会散发能量，并以喷射流的方式进入黑洞周围的圆盘。这种能量输出有助于诱发恒星的诞生，调节星系的形成速度，并以其他有用的方式促成星系的演化。

除了巨大的黑洞之外，银河系的闹市区——银河系的中心，还包括许多其他有趣的目的地。比如，这一整个区域分布着许多较小的黑洞，我们在第 5 章中已经谈论过它们。它们是“小”黑洞或恒星黑洞，由巨大的恒星坍塌形成；当它们与一颗普通恒星（如太阳）一起共舞时，我们就能看到它们。那里还有死亡恒星的核心（所谓的中子星）、爆发恒星的残骸（超新星遗迹），以及即将被拖向中心黑洞的气体和尘埃的巨型结构。

上图： 这张图片展示了红外光下的天空的全景。在这个汇聚了近 1 亿颗恒星的区域，最耀眼的是银河系圆盘周围密集凸起的恒星。幽暗的尘埃和气体云贯穿了整个银河系的圆盘。

左图： 这张图片描绘了一个由大质量恒星坍塌后所形成的恒星质量黑洞。这个黑洞将一颗大质量蓝色伴星中的物质拽向自己。这些物质形成了一个圆盘（用红色和橙色表示），围绕黑洞旋转，然后落入黑洞，或者以强劲喷流的形式重新定向，从黑洞喷发出去。

运动中的太阳系

银河系中的一切都围绕着它的中心在轨道上缓慢移动着，这也包括太阳系。我们要花大约 2.3 亿年才能围绕银河系转一圈。与此同时，相对于银河系的平面，太阳系还有非常轻微的上下起伏。 我们如今正朝着银河系的平面上行，但是银河系圆盘的引力最终会把我们拉回圆盘，并穿过圆盘。然后，这个循环将在数十亿年里重复多次。

银河系以及太阳在银河系中的的大概位置。

球状星团

银河系中还有更多居民，虽然这些居民生活在银河系圆盘上方和下方很远的地方，甚至圆盘中央核球的部分，但它们使用的仍然是银河系的“邮政编码”。我们曾经提到过，恒星有时成簇出现，被称为球状星团。这些密集成群的恒星可

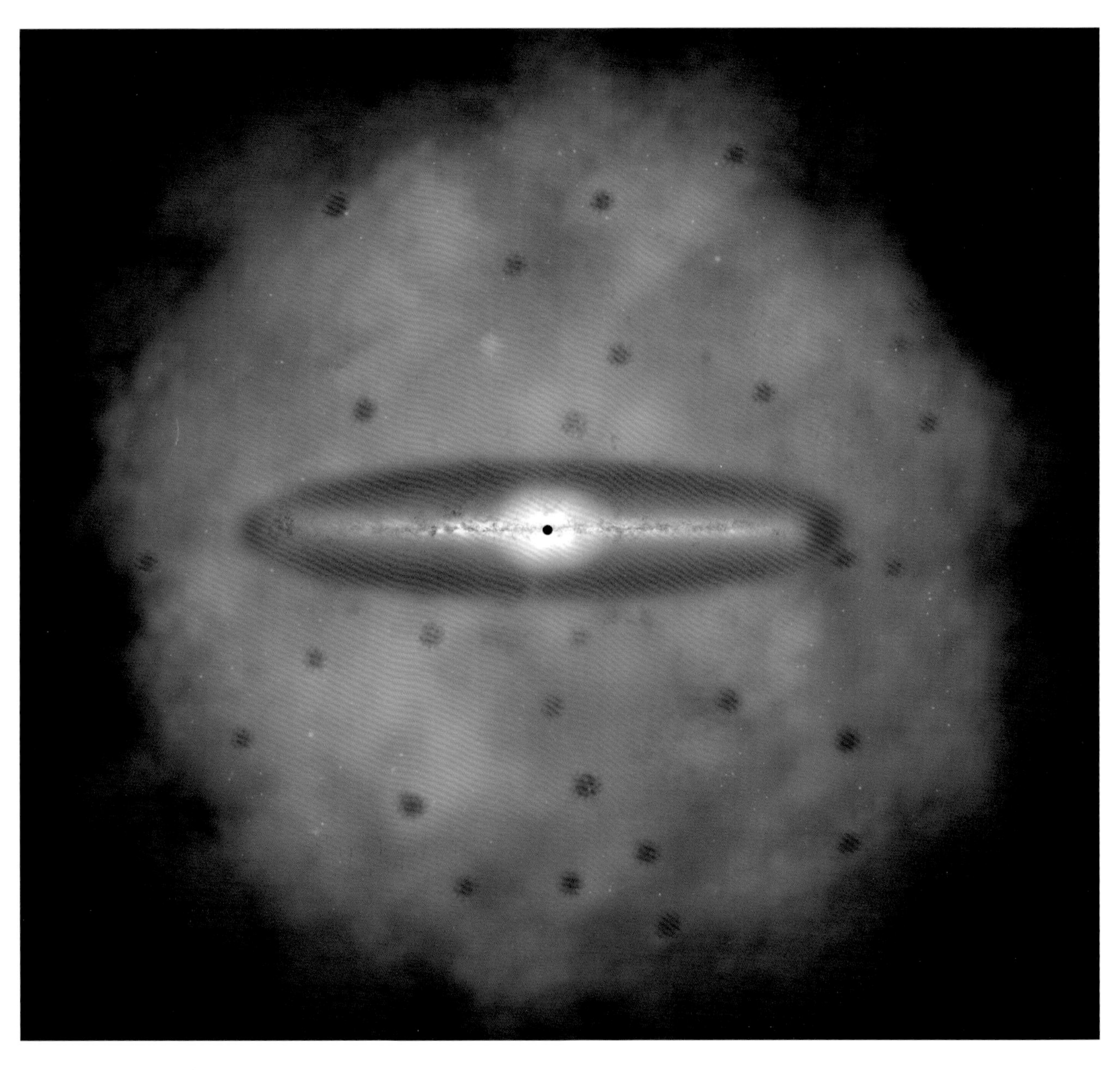

这张图描绘了银河系的构成。其中包括中心黑洞（中心的黑点）、恒星圆盘（白色）、恒星核球（红橙色）、厚盘（深紫色）、球状星团（红色圆圈）和暗物质晕（灰色）。恒星圆盘的直径大约为 10 万光年。暗物质晕直径至少为 60 万光年。

能是银河系中最古老的一些天体——年龄高达 100 亿岁或者更老。这些老年恒星的家园为什么会散落在银河系的边缘，现在还是个谜团。

在很长一段时间里，天文学家以为球状星团代表着银河系的尽头。然而，如今我们已经知道银河系的边界正在不断超出这些和所有其他恒星的居所。然而，这样的话，银河系的边界就更难确定了。这是因为银河系的外部边缘物质很可能主要由暗物质构成。暗物质的延伸长度（据我们所知非常难以检测）以及延伸方向是天文学家仍然在努力解开的谜题。

伴星系

正如我们之前讨论过的，银河系的形状就像一张散乱的薄饼，在银河系这块薄饼上，地球就坐落在距离薄饼中心大约 2/3 的地方。虽然通过观察这张扁平但内容丰富的圆盘，天文学家已经了解到很多事情，但是从其他视角观察也会很有帮助。

这就像是如果你在其他城市拥有朋友和亲戚会对你很有帮助一样。银河系在宇宙旅程中并不孤单。几个较小的伴星系是它的旅伴。其中最著名的是大麦哲伦星云（Large Magellanic Cloud, LMC）和小麦哲伦星云（Small Magellanic Cloud, SMC），它们都是在环绕银河系的轨道上运行的星系。大麦哲伦星云和小麦哲伦星云是以葡萄牙航海家费迪南德·麦哲伦（Ferdinand Magellan）的名字命名的，他和他的船员通过观察南半球的天空完成了环球航行之旅。在南半球，即使不用望远镜也能看到大麦哲伦星云和小麦哲伦星云，只要你知道往哪儿看。

大麦哲伦星云与我们的银河系相距 16 万光年——在宇宙中，这种距离基本算是隔壁了，而小麦哲伦星云的位置也很近，大约在 20 万光年之外。和横跨 10 万光年的银河系不同，大麦哲伦星云的宽度只有 14 000 光年，小麦哲伦星云只有 7 000 光年，简直是名副其实的小角色。然而，大麦哲伦星云和小麦哲伦星云的位置使得它们在天文学家的眼中极为珍贵。

因为大麦哲伦星云和小麦哲伦星云几乎可以直接从银河系的圆盘上看到，所以银河系中的尘埃和气体不会干扰我们的视线。而且由于这两座麦哲伦星云距离地球非常近，从天文学的角度来说，科学家可以视野清晰地研究各种事物，如超新星遗迹和恒星形成区。

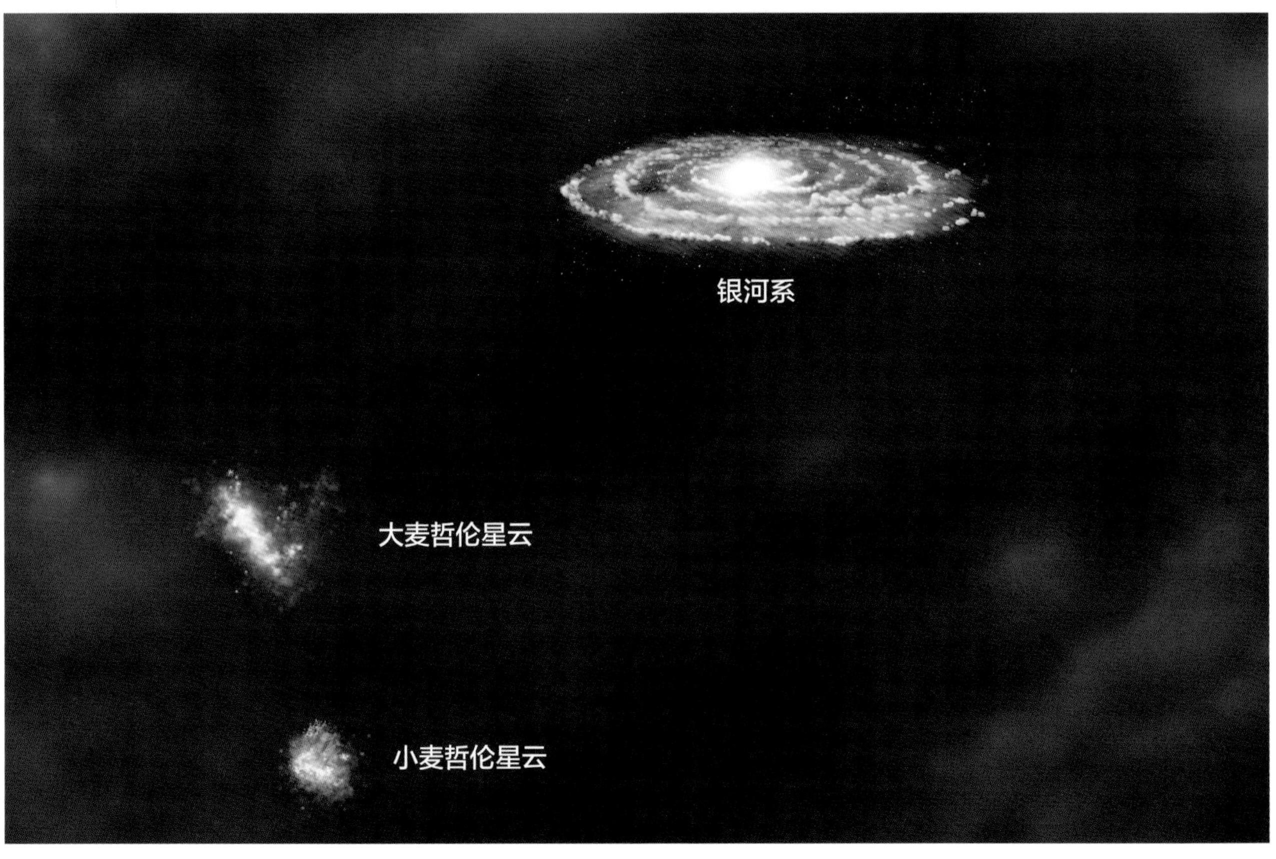
银河系
大麦哲伦星云
小麦哲伦星云

左图·上：这张照片展示了在南半球看到的银河系（左侧纵贯上下的光带）、大麦哲伦星云（右上方），以及小麦哲伦星云（右下方），还有一株仙人掌的剪影（右下角）。

左图·下：这张图片展示了大麦哲伦星云、小麦哲伦星云和银河系的大概位置。

大麦哲伦星云和小麦哲伦星云的另一个优点是，借助于一种特定类型的恒星，我们可以很好地确定这些小星系与我们之间的距离。这种恒星叫作造父变星（Cepheids），它们是不断变化的，这也意味着它们的亮度会随着时间而改变。20 世纪初，一位在哈佛大学天文台工作的名叫汉丽埃塔·莱维特（Henrietta Leavitt）的年轻女子［她和其他在那里工作的女性在当时被称为“计算者”（computers）］发现，造父变星有一种独特且持续的行为方式。这意味着如果你能找到一颗造父变星，就能计算出它距离地球有多远。另外，由于大麦哲伦星云和小麦哲伦星云足够近，所以天文学家已经能够确定这两个伴星系间的准确距离。

值得注意的是，汉丽埃塔·莱维特为造父变星开发的技术，只适用于距离相对较近而且拥有某些稳定特征的恒星。当我们前往宇宙中更远的地方，科学家在试图进行任何距离测量时，都会遇到更多未知因素。

本星系群

在银河系所在的社区中，另一个特殊成员是仙女座星系（Andromeda Galaxy）——通常被天文学家称为梅西耶 31（Messier 31），从很多方面看，它都是银河系的姊妹星系。和银河系一样，仙女座星系也是一个旋涡星系。你可以在仙女座中找到该星系，这也是这个星系名字的来源。

与大麦哲伦星云和小麦哲伦星云不同，仙女座星系的大小与银河系大致相当。可以这么说，坐落在 250 万光年之外的仙女座星系为我们提供在太空镜子里审视我们自己的机会。关于仙女座星系，最有趣的事实之一就是从现在起的几十亿年后，它将会和我们的银河系撞在一起。

从宇宙的角度来看，这既是好消息，也是坏消息。让我们先看“坏”消息：银河系无法采取任何行动来避免这次撞击。然而，“好”消息确实非常好。

首先，这次星系撞击要等到几十亿年后才会开始。

第二，大多数恒星和行星（包括地球，如果到时候地球还在的话）大概不会受到影响。即使这两个星系融合在一起，恒星之间也仍然有足够宽敞的空间，许多恒星间会轻松掠过而不被影响。关于这次与仙女座星系的相撞之事，有一件很酷的事情：对于生活在其中一个星系的某颗行星上的任何人而言，夜空的样貌在融合中和融合后会完全不同。

最后，银河系、仙女座星系、大麦哲伦星云和小麦哲伦星云都属于天文学家所说的本星系群（Local Group）。这听起来像一个星系社区，在某些方面也确实如此。然而，将这 30 多个星系聚集起来的不是某种随机爱好或社会标准。相反，本星系群是被引力聚集在一起的。我们将在接下来的章节中更详细地讨论星系几乎从不单独出现的原因。

这会是银河系与仙女座星系相撞时的样子吗？这张来自哈勃望远镜的图片展示了一对距离地球 3 亿光年的星系，它们最终将会融合成一个新的星系。这对编号为 NGC 4676 的宇宙搭档又被戏称为“老鼠”，因为从每个星系中伸展出来的恒星和气体的尾巴很长，这让它们看上去就像一只老鼠。

银河系在宇宙中并不孤独，它和它的伴星系聚集在名为本星系群的区域，如图所示。银河系的本星系群拥有30多个其他已知星系，包括仙女座星系。

认识银河系

- 太阳是我们的家园星系银河系中数十亿颗恒星中的一颗。
- 银河系包括一个巨大而扁平的圆盘，而太阳系位于这个圆盘上距离中心2/3银河系半径的地方。
- 银河系的中心是一个巨大的黑洞——但它不会对位于地球上的我们造成危险。

银河系

银河系

天空中最令人振奋的、肉眼可见的物体就是我们的银河系。这张合成照片——分别是在德国和纳米比亚拍摄的——以非常宽广的视角展示了银河系的外观。在这张照片上，你可以看到构成银河系的数十亿颗恒星的其中一部分，红色的气体云团，以及贯穿银河系平面的黑暗尘埃带。

银河系中央，26 000 光年

这张令人惊叹的银河系中央区域的照片，是用来自 NASA 的三架太空望远镜的 X 射线、可见光和红外数据合并而成的。来自哈勃望远镜的红外数据（黄色）勾勒出了恒星积极诞生区域的轮廓。来自斯皮策望远镜的其他红外数据（红色）展示了拥有复杂结构的炽热尘埃云团。来自钱德拉 X 射线天文台的 X 射线数据（蓝色和紫色）展示了被恒星爆发以及银河系超大质量黑洞喷射出的物质加热到几百万度高温的气体云。

人马座 A*，26000 光年

这张银河系的巨大黑洞——人马座 A*，及其周围区域的 X 射线图片是由钱德拉 X 射线天文台拍摄的，拍摄这张图片几乎花了两周的观察时间。利用这些数据，科学家们提出了许多假想，以解释为什么人马座 A*（隐没在这张图片中央的白色区域中）吞噬的物体与其他星系中的类似黑洞吞噬的物体相比却如此之少。人马座 A* 周围向外扩张的压力会导致黑洞的气体、尘埃和恒星等燃料供应远离它，而不是被吸引过来从而被消耗掉。

银河系的反银心，6 000 ~ 12 000 光年

简单地说，所谓的星际介质就是分布在恒星之间的物质。这张图片展示了背离银河系中心方向（称为“反银心”）所看到的结构复杂的星际介质。散发红外辐射的尘埃用蓝色表示，而散发无线电波的区域用粉色表示。超新星遗迹则表示为红色和泛黄色气泡。图片最左边的粉色和蓝色区域是正在形成恒星的尘埃星云。

球状星团

武仙座球状星团的核心，25 000 光年

这张哈勃望远镜拍摄的图片显示的是球状星团梅西耶 13（Messier 13）的核心，并清晰地展示了这个星团中数十万颗恒星。该星团是夜空中最明亮也是被研究得最透彻的球状星团之一。它距离地球 25 000 光年，直径为 145 光年，位于武仙座（Hercules）中。它是如此明亮，以至于在适宜的条件下即使不用望远镜也能看得到。

半人马座球状星团，17 300 光年

在这张半人马座球状星团（Omega Centauri）核心的图片中，充斥着 100 万个光源，它们都是用哈勃太空望远镜精心辨认出来的。我们的银河系拥有大约 200 个这样的球状星团，每个球状星团都包含数百万颗非常古老的恒星，它们在引力的作用下聚集成这样的球状星团。

NGC 6752，14 000 光年

南半球夜空深处的 NGC 6752 是个明亮的球状星团，位于孔雀座（Pavo）中。它比我们更熟悉的北半球的 M13 球状星团还要明亮一点儿。恒星的颜色有些微妙，但这张图片清晰地显示出了虽然呈现冷色调但很明亮的红巨星，它们的光在这个球状星团中最为醒目。

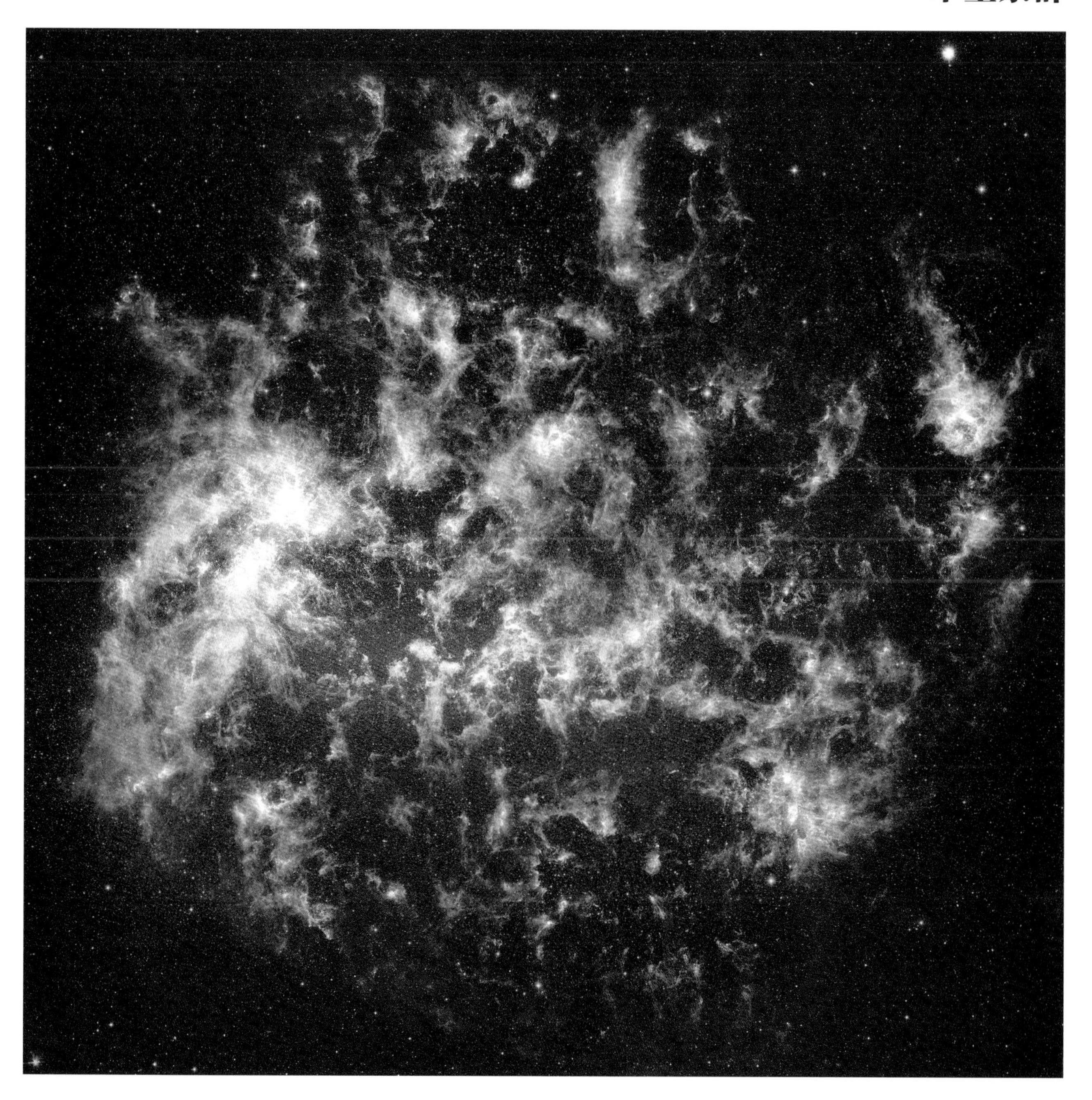

大麦哲伦星云（红外光），16 万光年

作为银河系的邻居，大麦哲伦星云可以在南半球的夜空中看到，它是一个浅色的云状物体。这张来自斯皮策太空望远镜的红外图像展示了庞大的炽热气体和尘埃带，这说明大麦哲伦星云是恒星形成的温床。

小麦哲伦星云（红外光），20万光年

这张小麦哲伦星云的红外光图像是由 NASA 的斯皮策太空望远镜拍摄的，展示的是银河系附近的这个伴星系中的恒星和尘埃。图像展示的是老年恒星（蓝色）和将周围年轻的尘埃（红色和绿色）照亮的年轻恒星。

小麦哲伦星云中的恒星，20 万光年

哈勃望远镜极为敏锐的视觉辨认出了许多隐藏在 NGC 346 星云中的胚胎期恒星群，它们还处于因为引力造成气体云团坍塌并形成恒星的过程中。虽然它们终会成为成熟的恒星，但此时它们还没有点燃氢燃料以维持核聚变。在这些早期恒星中，最小的只有太阳质量的一半。

仙女座星系，250 万光年

作为距离我们最近的旋涡星系，仙女座星系（又称梅西耶 31），在夜空中的大小可以达到满月的 8 倍，只要我们的眼睛足够敏感，就能够看得到它。幸运的是，我们可以使用望远镜捕捉仙女座壮丽的全貌。仙女座星系横跨了 15 万光年，它的形状很像银河系，中间是较古老的黄色恒星，旋臂上是较年轻的蓝色恒星。

第 7 章

银河系之外的星系

我如此热爱繁星，以致不惧黑夜。

——莎拉·威廉姆斯（Sarah Williams）

银河系在我们心中是特别的，因为它是我们自己的星系。但是和宇宙中的其他星系相比，它算是典型的吗？

简短的回答是：是，也不是。虽然存在与银河系相似的星系，但也有几十亿个和它不同的星系。

天文学家主要根据形状对星系进行分类。这是个很好的开始，因为我们大多数人从很小的时候就开始识别形状了。有些类型的星系甚至是通过它们的形状来命名的：旋涡星系、椭圆星系，以及不规则星系（“不规则”并不是一种形状，但这个名字的意思已经不言自明了）。

P180–181 图： M104 常被称为草帽星系（Sombrero galaxy），因为它的形状很像一顶墨西哥帽子。这张星系的侧视图展示了草帽星系是相对扁平的。

上图：NGC 4565星系，又称“针状星系”（Needle Galaxy），是旋涡星系侧视图的典型例子。距离地球大约3 000万光年，它的尘埃带上面有一处明亮的中央核球。

左图：明亮的发光气团照亮了旋涡星系梅西耶74（M74）的旋臂。M74只比我们自己的旋涡星系银河系略小一点。

旋涡星系

我们在前面提到过，银河系是一个旋涡星系。如果星系有标志性图像的话，那就非它莫属了。从科幻电影到卡通再到艺术海报，旋涡星系的身影无处不在。

旋涡被定义为“从中心点发射出的曲线，并随着它的旋转而逐渐远离中心点”。旋涡星系的形状并不像毫无特征的薄饼那样乏善可陈，它们有旋臂。大部分气体和尘埃都分布在这些星系触手中。地球也是如此，它位于天文学家所称的银河系人马座臂上。

就像银河系一样，大多数旋涡星系的中央都有由聚集恒星组成的银河系核球，里面还隐藏着一个巨大的黑洞。位于星系中心的这些黑洞并不构成某种威胁，而且很可能还决定着星系的大小、星系中形成恒星的数量，以及一系列其他特征。换句话说，它们的角色更像是区域规划局，而不是乡间恶霸。

旋涡星系是如何拥有这种形状的？这还是个悬而未决的问题，不过许多天文学家认为它们在漫长的时间里吞并了许多较小的恒星团，尔后才最终形成的。这些在吞并过程中不断进行的撞击加快了它们的速度，这些准旋涡星系就开始旋转了。最终，这种星系变得扁平并发展出了旋臂。

另外，我们认为所有旋涡星系都在旋转，其中包括像银河系这样完全成熟的旋涡星系，但是它们转动的速度非常非常慢。据科学家估计，银河系完成一次完整的自转大约需要 2.3 亿年。

椭圆星系

第二种主要类型的星系是椭圆星系。顾名思义，这些星系的形状就像一枚鸡蛋或一只球。它们没有旋涡星系的壮观旋臂，中央也没有星系核。

椭圆星系包括许多老年恒星和非常少的年轻恒星。实际上，与旋涡星系相比，椭圆星系内部的恒星之间没有那么多的气体和尘埃。这意味着这里没有足够的气体来凝聚形成新的恒星。科学家认为椭圆星系实际上是其他星系（包括旋涡星系）之间发生融合或撞击的结果。当宇宙比较年轻时，发生这种碰撞的频率要高得多，因此大多数椭圆星系通常比我们所谈论过的旋涡星系老得多。椭圆星系或许看上去有点沉闷，但是不要因此忽略了这些天体的重要性。

左图：椭圆星系 ESO 325-G004 的质量相当于 1 000 亿个太阳，这个星系被数千个球状星团环绕着。

一个"行为恶劣"的星系

有时候星系无法冷静地自处，它们的行为方式可能会对它们周围的环境以及附近的其他天体造成冲击。以名为"3C321"的星系为例，天文学家给它起了个绰号叫"死星"星系。如果你熟悉《星球大战》三部曲的话，你一定记得死星是一个威力巨大的武器，它能用坏人的超级激光束来摧毁好人的星球。

这个星系并没有那么恶毒，但它的中央黑洞正在产生会威胁到附近另一个星系的高能喷射流。我们不知道这个毫无戒备的邻居到底会受到什么影响，但大概不会是什么好影响。像"死星"星系那样的黑洞喷射出的喷射流会产生大量伽马射线和 X 射线，如果剂量较大，足以杀死任何我们所知道的生命。我们只能希望那些被袭击的星系中的行星能够联系上电影《星球大战》中的尤达大师。

3C321 距离地球约 14 亿光年。这张图像是合成了 4 种类型的光线，其中包括 X 射线（紫色）、可见光（红色）、紫外线（橙色）和无线电波（蓝色）的数据。

不规则星系

第三种星系被称为“不规则”星系。你大概已经猜到了，不规则星系没有易于识别的形状，而且，它们很混乱。有些不规则星系可能是被另一个星系撞击而逃逸的受害者，另外一些不规则星系则可能是因为距离另一个非常大的星系太近了，被对方强大的引力效应扭曲了原本的形状。不规则星系可能拥有不同的形状、大小和年龄，在所有星系中它们大约占了 25%。我们可以将不规则星系比作是你最喜欢的百货商店中的杂货区。

NGC 1427A 距离地球大约 6 200 万光年，是不规则星系中的一个范例。这张光学图像展示了许多最近才形成的炽热的蓝色恒星，这说明这个不规则星系内有大量的恒星正在形成。

属，种，科

旋涡星系、椭圆星系和不规则星系这三种类别，囊括了星系的基本类型。如果你对星系的分类特别感兴趣，就会发现有很多的子类别。

这是因为天文学家像生物学家一样喜欢对事物分类。你还记得生物学中的那些分类级别吗？例如属，种，科，等等。天文学家为星系制定了许多级别的子类别，更不用说他们发现的许多其他类型的东西了。科学家之所以进行如此详细的分类，是因为他们正在试图从他们发现的大量信息中找到模式和关系。

换句话说，对于我们所看到的每一个整齐的旋涡星系或椭圆星系，总是存在着一些超出科学家预料的东西。这正是让科学如此有趣的事情之一：你永远不知道自己什么时候会发现某种新事物，它会让你重新思考自己的想法，并且可能促使你提出新的想法。

关于星系

我们的银河系是旋涡星系中的一个例子，但星系有许多不同的形状和大小。

从一些星系吹来的风正在帮助下一代的恒星和行星播下种子，这些恒星和行星所需要的物质和我们在地球上所需要的物质是一样的。

银河系附近的矮星系 NGC 1569 是恒星诞生的温床。恒星的诞生过程，使得这个星系的中央被吹出了巨大的气泡。

星系风

星系不仅是由气体、尘埃和恒星构成的静止不变的恒星岛。相反，某些星系活跃得令人难以置信。以天文学家称为“星暴”（starburst）的星系为例，这些星系正在经历恒星的婴儿潮。与“正常”星系相比，这些星系诞生恒星的速度是前者的几十倍甚至几百倍。除了这种恒星诞生规模上的活动，这些星系还从中心向外散发猛烈的风。

这些星系的超级风，主要是由狂热的新生恒星以及作为超新星爆发的其他老年恒星所发射出的强大辐射产生的，它们贯穿了整个星系。

M82是一个拥有超级风的星暴星系。由于它又长又细，故而又被称为“雪茄星系”（Cigar Galaxy）。

和地球上的风相似，这些星系风很重要，因为它们会将粒子从一个地方转移到另一个地方。天文学家发现的证据表明，这些超级风含有碳、氮、氧和铁等物质。换句话说，这些都是我们所知的生命必需元素。因此，这些星系风正在帮助传播地球上维持生命所需的物质，为未来世代的恒星和行星播撒生命的种子。

实际上，虽然我们已经将星系分成三大类——旋涡星系、椭圆星系和不规则星系——看上去似乎是很简单的事情，但这并没有那么简单。我们生活在一个用望远镜和天文台搜集海量信息的时代，像斯隆数字巡天项目（Sloan Digital Sky

类星体：享用自助餐的黑洞

类星体（Quasar）是某些星系的中央区域，里面有一个正在狼吞虎咽的黑洞。由于可以摄入大量的物质——主要是气体和尘埃，类星体中的黑洞极为活跃（想象一下正在享用自助餐的黑洞）。这意味着它们以许多不同类型的光线发射出明亮的光芒，从而使类星体成为整个宇宙中最明亮的天体。

3C 273 是一个距离地球 30 亿光年的类星体，是迄今为止人类发现的第一颗类星体。

Survey，位于新墨西哥州的一台望远镜，它正在持续不断地观测太空）正在拍摄数百万张的宇宙图片，发现距离数十亿光年之外的星系。

由于现代望远镜越来越强大，许多非常遥远的星系图像很难解释——尤其是对计算机而言，因为那些图像只是模糊的斑点。天文学家们不能单纯依赖自动化的计算机程序来对他们数据库中成千上万的星系进行正确分类，他们决定邀请更广泛的公众提供帮助。通过一个名叫“星系动物园”（Galaxy Zoo）的项目，他们邀请任何感兴趣的人来参加一次短暂的培训，然后请他们帮忙对这些星系进行分类。

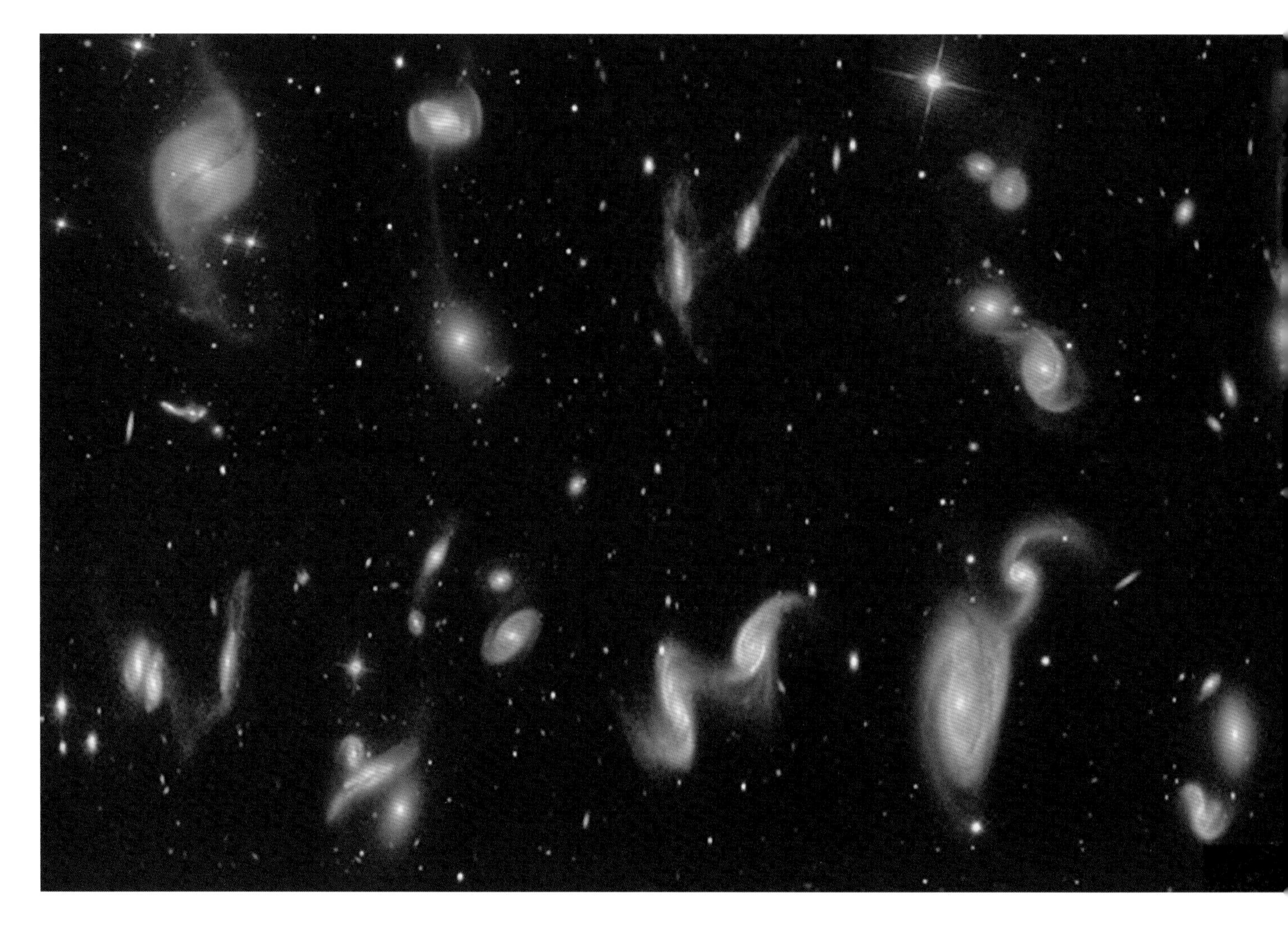

“星系动物园”项目参与者发现的众多星系，这是部分成果被合成在了一张图片上。

自 2007 年实施以来，“星系动物园”项目不仅让几十万个星系被正确分类，还促成了很多关于这些星系细节的令人兴奋的新研究成果。“星系动物园”项目是所谓的“公众科学”的良好案例，这个最近出现的术语被用来形容那些即使不是科学家也可以参与并且做出重要贡献的科学研究。如果你有兴趣参与的话，可以访问“星系动物园”项目的网站 www.galaxyzoo.org，了解更多内容。

星系的碰撞和相互作用

我们在上一章中提到过，银河系将来会和附近的仙女座星系撞到一起，这件事会发生在数十亿年后。虽然听上去是件大事（对于将来的 50 亿年内生活在这两个星系的任何人或任何生命而言都是如此），但这种碰撞并不像你所想象得那样罕见。

星系之间经常发生碰撞。这些星系碰撞并不是毫无意义的宇宙暴力事件；相反，它们已经而且将继续在塑造我们今天的宇宙以及它的样貌方面发挥重要作用。虽然如今我们能够亲眼看到星系在宇宙中发生碰撞，但在遥远的过去，这样的事件发生得更加频繁，当时星系之间的距离比现在近得多。

自从爱德文・哈勃在 20 世纪 20 年代将星系称为"宇宙岛"以来，我们已经掌握了大量新知识，但是关于星系仍然有很多事情是我们想知道的。例如，星系究竟是如何形成的，它们是怎样随着时间演化的? 当你在看这段话的时候，世界各地的科学家都在试图解答这些问题。另外一些科学家试图弄清楚巨大的黑洞在星系成长过程中所发挥的作用。这是一个类似鸡和蛋的问题：是黑洞先形成，还是星系先形成? 又或者是它们相互依赖共同成长?

当我们不再将星系看作独立的个体，而是把它们当作所属的星系群和超大星系群中的成员看待时，我们将会发现关于宇宙的一些事实，其中的部分事实是我们在下一章中将要探讨的内容。

Arp256 是一个由两个旋涡星系组成的令人惊叹的星系系统，距离地球约 3.5 亿光年，处于碰撞合并的早期阶段。

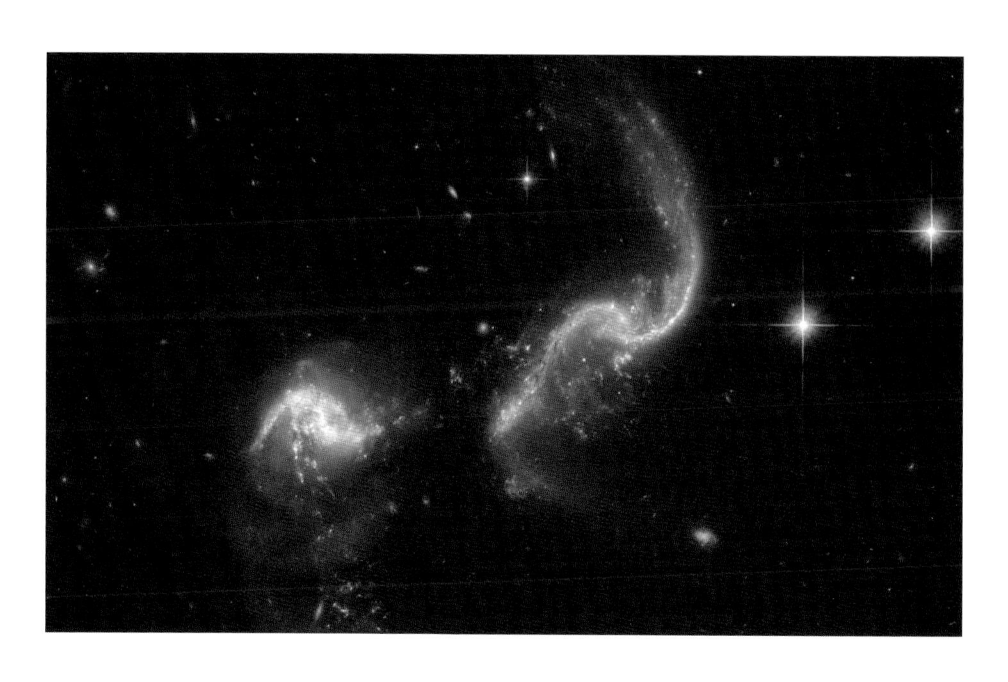

银河系外的星系

NGC 4945，1 300 万光年

旋涡星系 NGC 4945 是银河系的一个近邻。与银河系相似，在 NGC 4945 浓密的环状尘埃结构后面也隐藏着一个特大质量的黑洞。但是与银河系中心非常安静的黑洞不同，NGC 4945 中心的这个黑洞以疯狂的速度消耗着周围的物质，并释放出极为庞大的能量。

M106，2 350 万光年

M106 是位于猎犬星座（Canes Venatici）中的一个不同寻常的旋涡星系。在这张使用可见光拍摄的图片中，可以看到两条主要由年轻明亮的恒星构成的旋臂，但是 X 射线和无线电波图像表明，它还有两条额外的“异常”旋臂。这两条意料之外的旋臂主要由被冲击波加热的气体构成。详见 www.fromearthtotheuniverse.org。

NGC 1313，1 400 万光年

NGC 1313 是一个距离银河系相对较近的旋涡星系。由炽热气体形成的云团中是星系内狂暴的恒星形成过程所造成的气泡、激波前和超新星。星系内爆发式的大规模恒星形成过程常常是与另一个星系的近距离碰撞引起的，但 NGC 1313 星系是独自出现的。这就留下了一个亟待解答的问题：为什么它能如此快速地形成恒星？

M82，1 200 万光年

不规则星系 M82 在这里用三种不同类型的光显示：可见光（绿色）、红外光（红色）和 X 射线（蓝色）。M82 是最著名的星暴星系之一，在这种星系中，恒星诞生的速度至少是银河系中恒星的 10 倍。大约 1 亿年前与一个邻近星系的近距离碰撞激起了 M82 的气体和尘埃，这大概就是恒星真正的婴儿潮的成因。

NGC 4696，1.5 亿光年

NGC 4696 是一个巨大的椭圆星系。这张合成图片展示了用 X 射线表示的庞大的炽热气体云（红色），围绕着亮白色区域（一个特大质量黑洞所在的位置）两侧的用无线电波数据表示的高能量气泡（蓝色）。科学家可以计算出气体落入星系的特大质量黑洞时的速度，以及制造直径约 1 万光年的气泡所需的能量。这告诉我们，黑洞是如何有效地将陨落物质的能量转化成喷射流并将能量带走的。

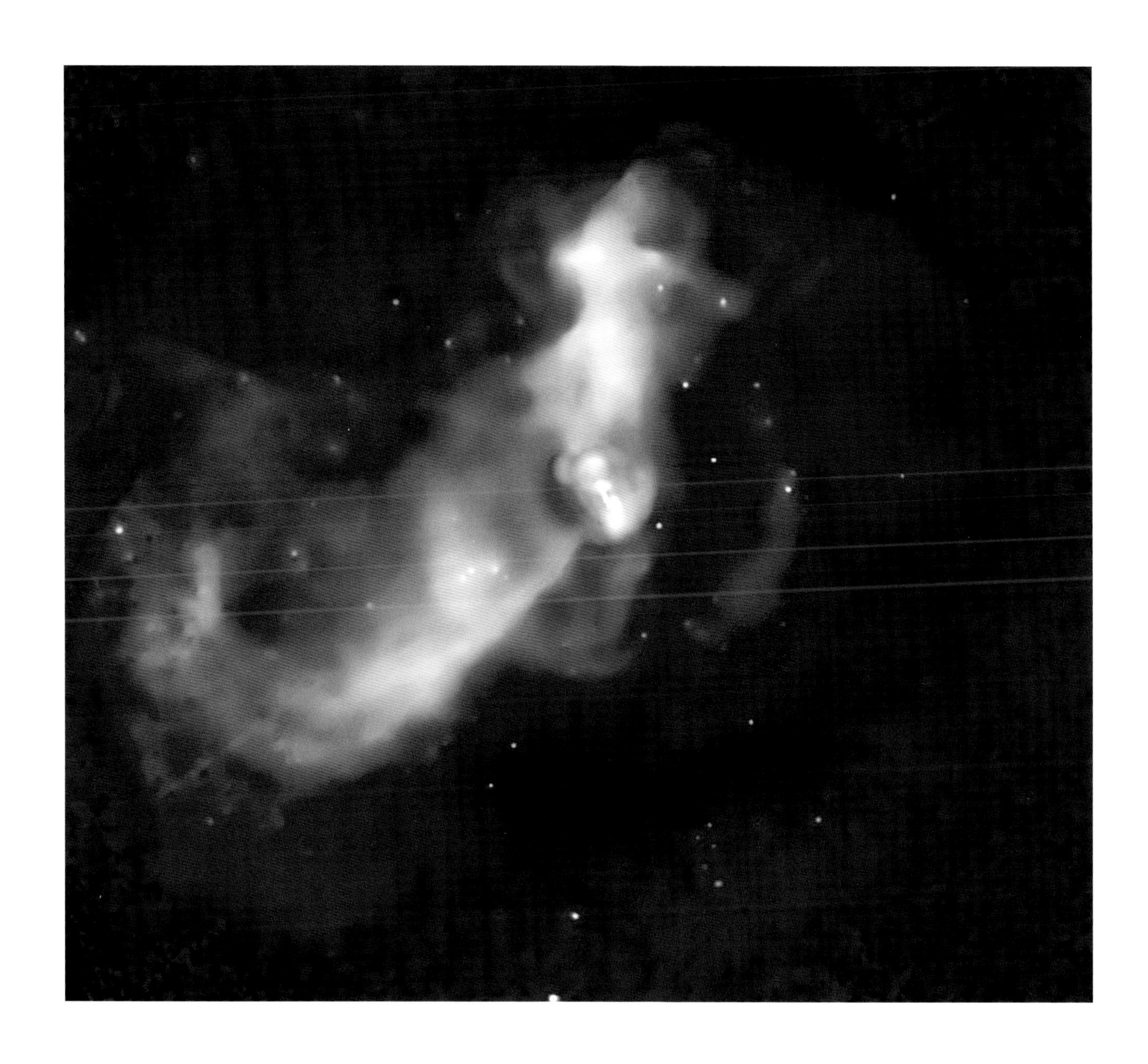

M87，5 000 万光年

黑洞和火山有什么共同点？这不是拙劣的科学笑话的开场语。当你观察 M87 这个巨大的星系时，这会是一个合情合理的问题。来自钱德拉 X 射线天文台的 X 射线（蓝色）显示，M87 星系周围的星团充满了炽热气体。随着这些气体的冷却，它们会落入星系中央，然后在那里更快地冷却，形成新的恒星。无线电波观察的结果（红色和橙色）表明，黑洞产生的高能粒子喷射流干扰了这个过程。这种互相作用反映了许多特性，在很多方面很像是 2010 年春天扰乱了全球航空旅行的那次冰岛火山爆发。

半人马座 A，1100 万光年

半人马座 A 星系（Centaurus A）的这张图片以壮丽的景象展示了一个特大质量黑洞的强大力量。这个近邻星系的中央黑洞所驱动的喷流和波瓣被来自智利的一架望远镜的亚毫米光波数据（橙色）和来自钱德拉 X 射线天文台的 X 射线数据（蓝色）表示出来了。来自智利的另一架望远镜的可见光数据展示了该星系和恒星背景中的尘埃带。位于左上方的 X 射线喷射流从黑洞向外延伸大约 13 000 光年。亚毫米光波数据表明，喷射流中的物质以极高的速度喷射，大约为光速的一半。

相互碰撞和作用的星系

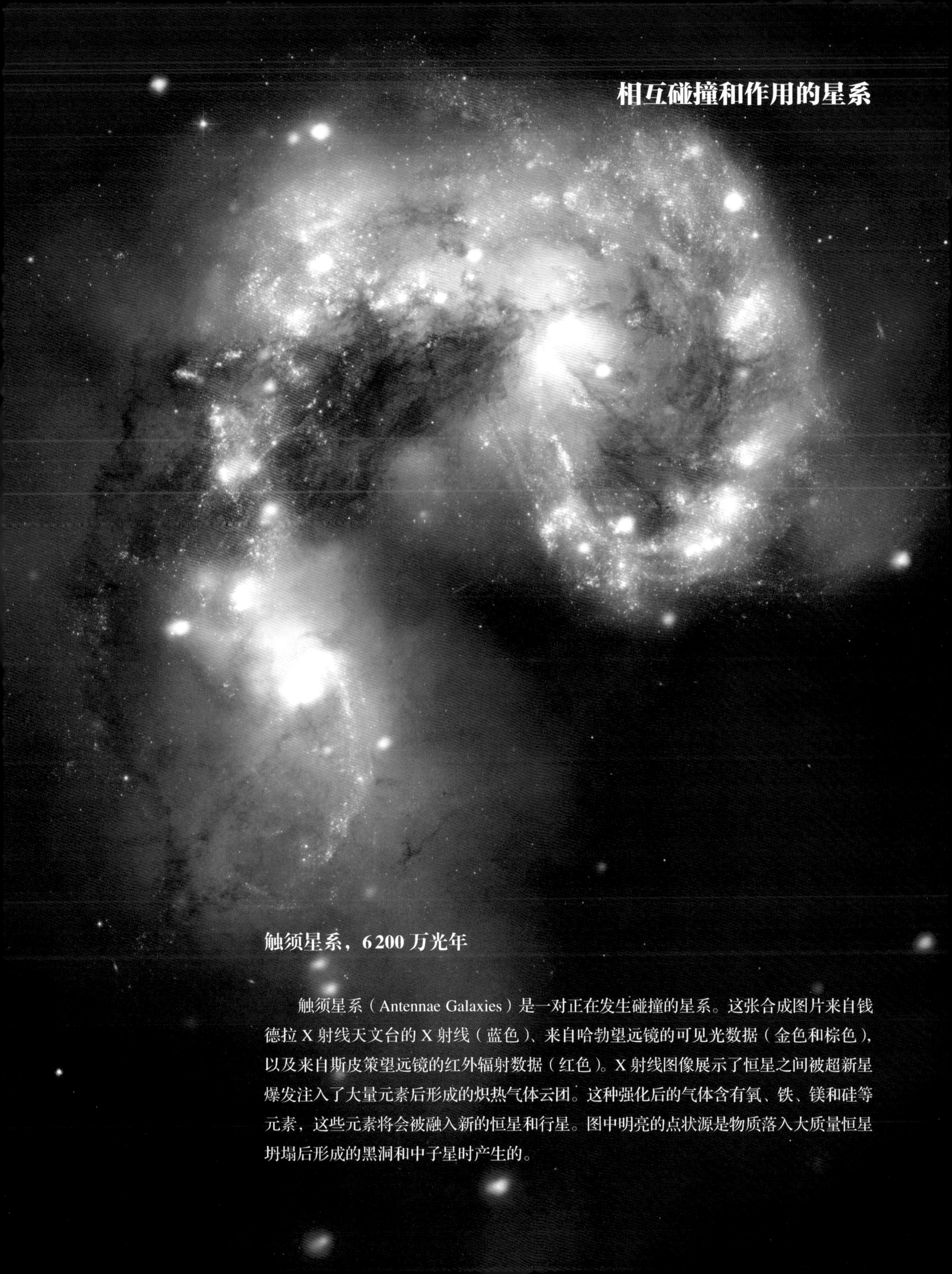

触须星系，6 200 万光年

触须星系（Antennae Galaxies）是一对正在发生碰撞的星系。这张合成图片来自钱德拉 X 射线天文台的 X 射线（蓝色）、来自哈勃望远镜的可见光数据（金色和棕色），以及来自斯皮策望远镜的红外辐射数据（红色）。X 射线图像展示了恒星之间被超新星爆发注入了大量元素后形成的炽热气体云团。这种强化后的气体含有氧、铁、镁和硅等元素，这些元素将会被融入新的恒星和行星。图中明亮的点状源是物质落入大质量恒星坍塌后形成的黑洞和中子星时产生的。

涡状星系，3100 万光年

这张美丽的旋涡星系正面图是涡状星系 [Whirlpool galaxy，又称梅西耶 51（Messier 51）] 的可见光图像，它展示的是哈勃太空望远镜观察到的景象。这是个典型的旋涡星系。红色光辉描绘的是庞大的氢气云团。这张图片还展示了更大的涡状星系是怎样与它那小得多的邻居（上方呈现黄色的 NGC 5195 星系）相互作用的。

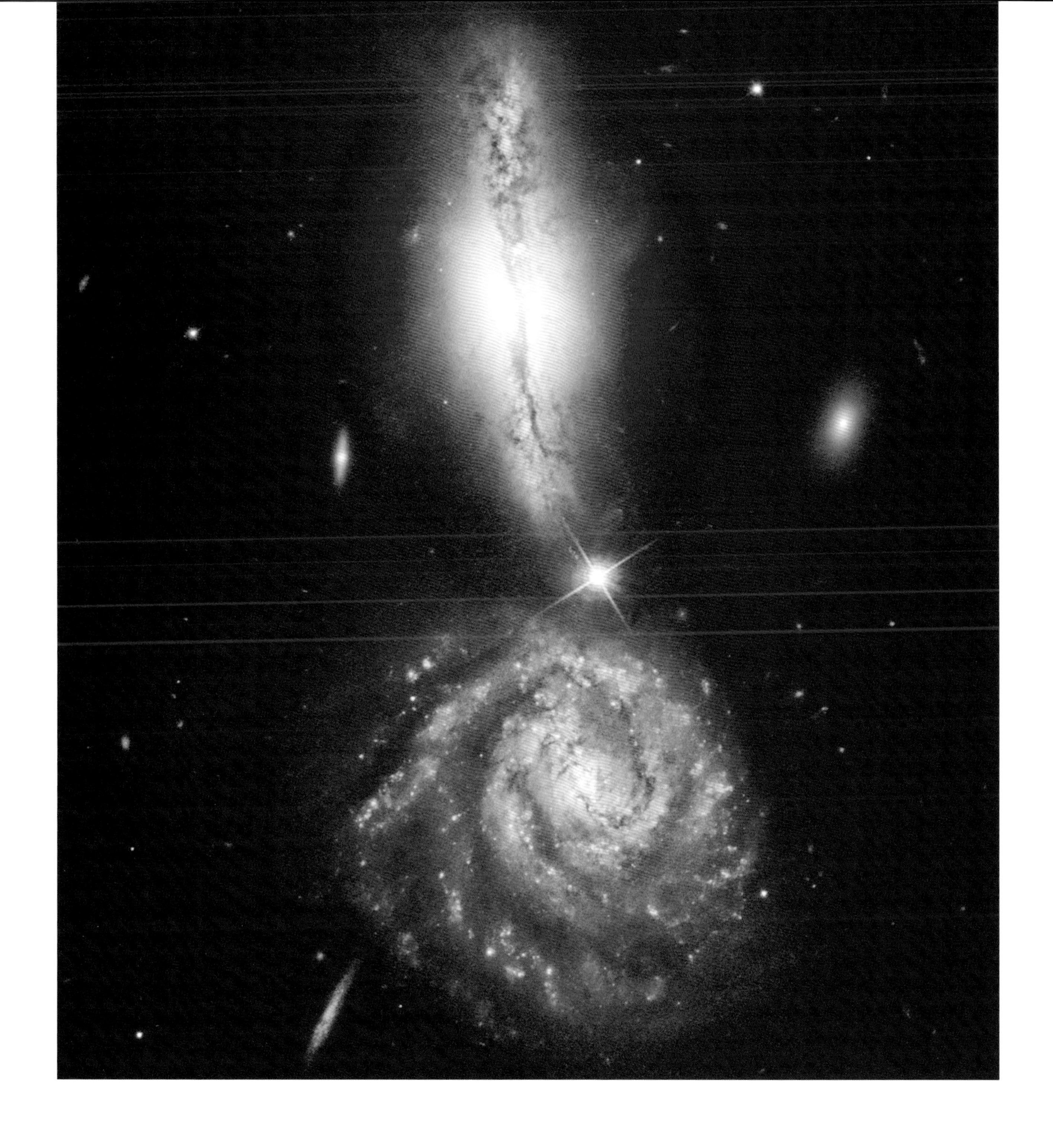

VV 340，4.5 亿光年

宇宙不会每天都为我们显示某种迹象，但这个“感叹号”是个例外。这张图片实际上包含了一对星系，它们被合称为 VV 340。在这里我们将来自钱德拉 X 射线天文台的 X 射线数据（紫色）和来自哈勃望远镜的可见光数据（红色、绿色、蓝色）合成在一张图片里，用于展示这两个还处于初期相互作用阶段的星系。数百万年后，这两个星系将会融合成一个新的星系。

NGC 1316，7 000 万光年

这个星系是如何形成的？当天文学家试图弄清楚 NGC 1316 星系中恒星、气体和尘埃不同寻常的混乱的原因时，他们就变成了侦探。乍看之下，NGC 1316 像是一个巨大的椭圆星系，但是它却包括一条通常出现在旋涡星系中的尘埃带。因为靠近 NGC 1316 中心区域的低质量球状星团的数量很少，科学家推测这个星系在过去的几十亿年里和另一个星系曾发生过碰撞或者融合。

NGC 6240，3.3 亿光年

当两个星系发生碰撞时，它们中心的特大质量黑洞会发生什么？在有些情况下，这两个黑洞会围绕对方旋转，直到它们最终也合为一体。在 NGC 6240 中，两个特大质量黑洞（图片中央的明亮点状源）之间仅相距 3 000 光年。科学家们估计，它们已经彼此靠近了大约 3 000 万年，并且将会在数百万年后合并成一个更大的黑洞。

第 8 章

星系团

用几个字足以概括我学到的人生哲学：一切往前看。

——罗伯特・弗罗斯特（Robert Frost）

从地球这颗相对较小但足以令人惊叹的行星，穿过太阳系、银河系，去往宇宙中各种各样的星系，我们已经走了一段很远的路，领略了这些天体在体积和距离上的巨大差异。然而，还有一次巨大的跨越在等待着我们。因为虽然星系非常庞大，但它们实际上只是宇宙中最大的一些星系团中的一小块。

我们为什么要关心星系团呢？毕竟太遥远了。但事实证明天文学家可以使用星系团探究整个宇宙中某些最大的谜团——暗物质和暗能量。解决了这两个超大谜团，我们就能回答所有孩子都曾经在汽车后座上问过他们父母的问题：我们要去哪儿，我们什么时候能到那儿？

P204-205 图：和恒星一样，许多星系会在引力的作用下聚成一团。这个由四个星系构成的星系团，是希克森清单（Hickson catalog，该清单以 20 世纪 80 年代提出这个清单的加拿大天文学家的名字命名）中最明亮的。希克森致密星系群 44（Hickson Compact Group 44）位于 6 000 万光年之外，使用质量不错的业余望远镜就能看到。

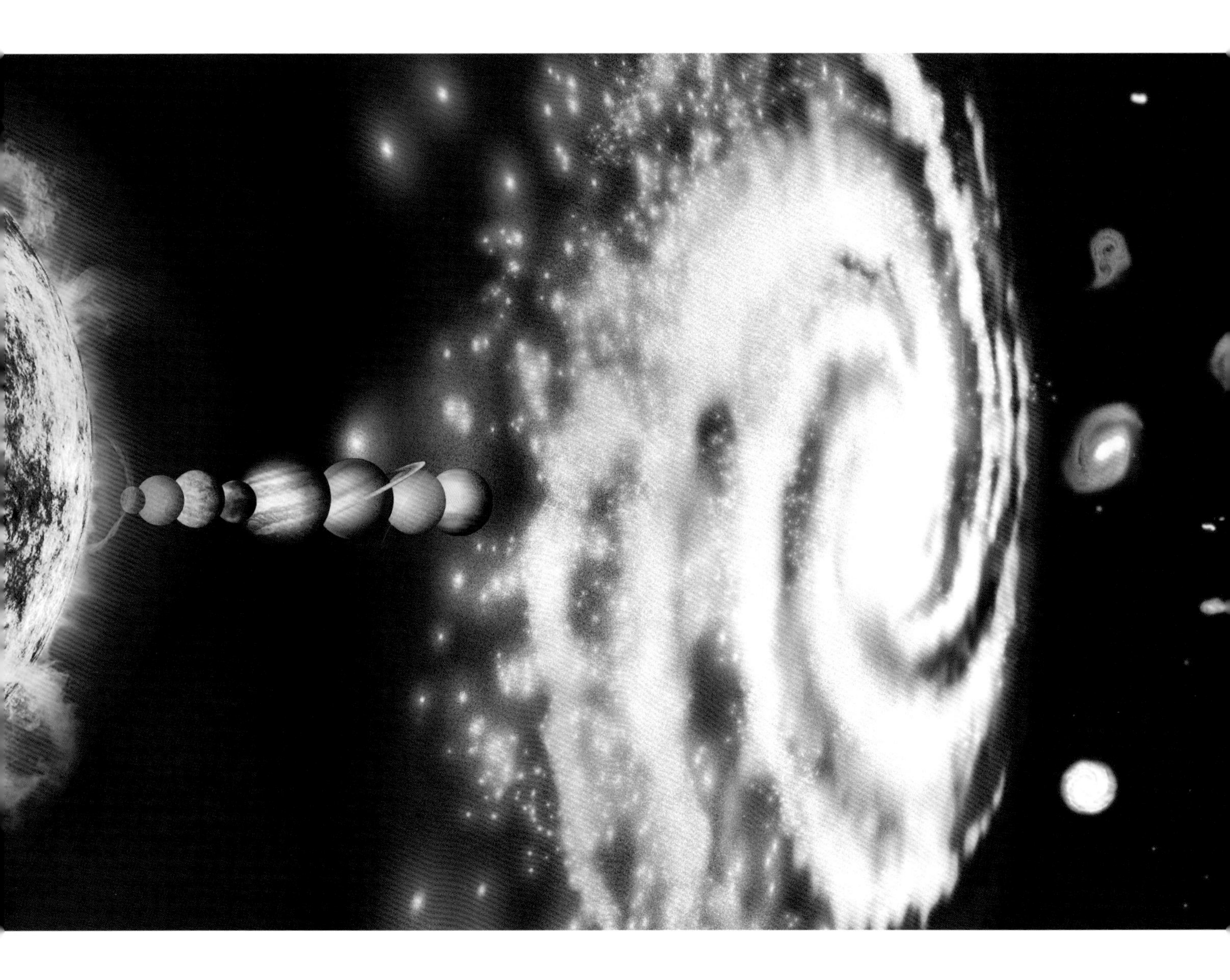

下图：这张插图描绘的是我们的宇宙之旅（非等比例），从左侧的太阳和太阳系开始，然后我们再从银河系前往本星系群中的其他星系，最后是早期宇宙中最遥远的部分。

首先，让我们看看星系为什么常常聚集成星系团。天文学家发现，星系总是喜欢出现在其他星系附近。记住，一切拥有质量的物体——无论是在地球上还是在太空中——都会产生引力。更重要的是，物体的质量越大，它的引力就越强。这会促使星系相互吸引，从而聚集成星系群（最多拥有 100 个星系）或星系团（可能拥有数千个星系）。

正如我们在第 6 章中提到的，银河系其实是它所属的小型星系群的一部分，天文学家将这个小型星系群称为本星系群。在更大的范围内，银河系和它的伴星系属于一个规模更大的集合——室女座超星系团（Virgo Super Cluster）。

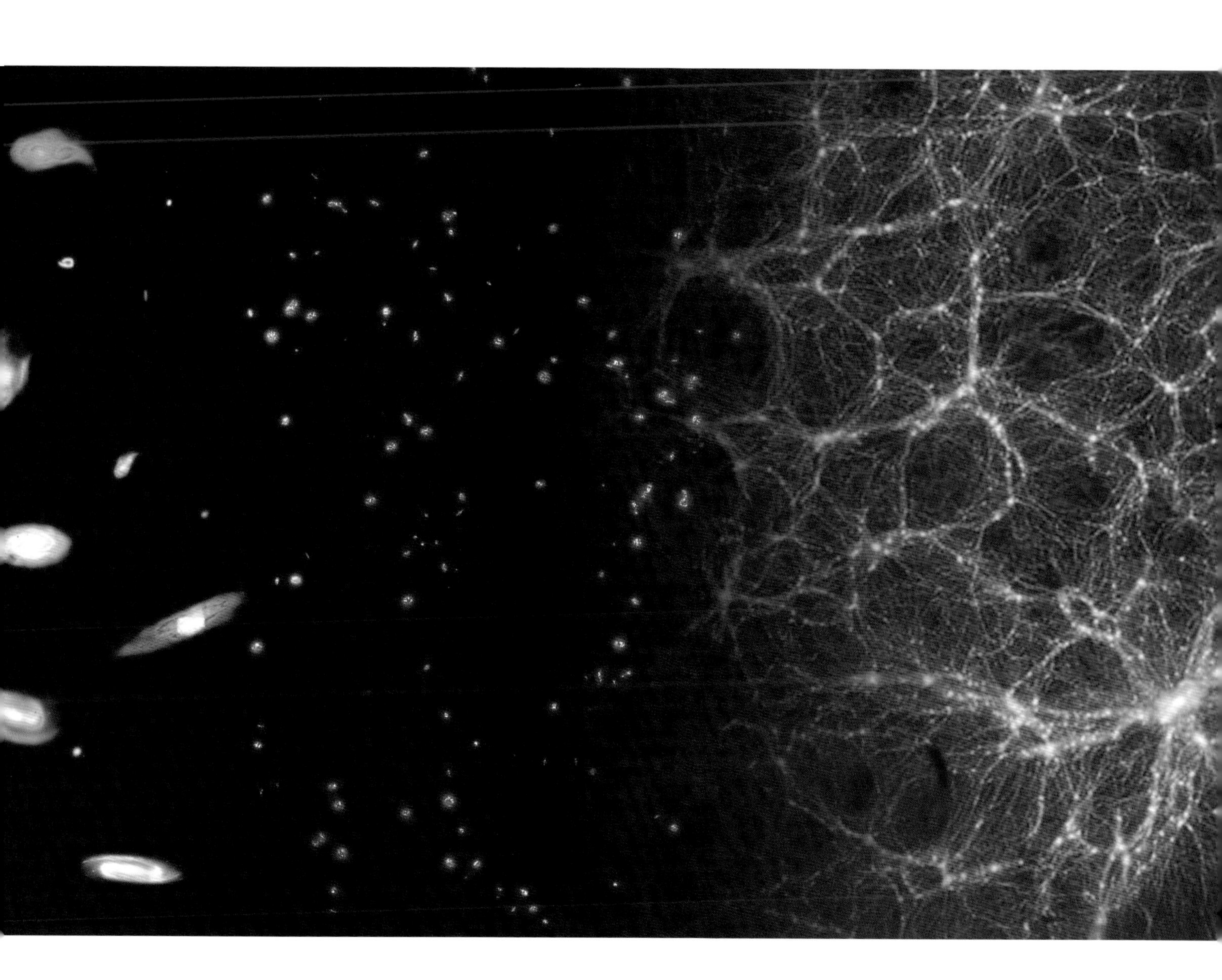

图中最醒目的位置是肉眼可见的最大星系 M81。M81 和它下面的 M82 通过引力互相作用，后者的气体在图片中呈现红色。在这张图片上可以看见许多其他星系，而室女座星系团在这张图中只显示了一小部分。星系动物园是透过银河系中星云物质微弱的辉光看到的。

调制一杯星系团鸡尾酒

星系团由三个相对独立的部分组成：单独的星系、充斥在各个星系间的炽热气体以及暗物质。这并不是简单的分门别类。出于不同的原因，它们中的每一个都很重要。

首先，每个星系都拥有它们自己的恒星、气体和尘埃。既然我们谈论的是整个星系，这些东西听上去好像有很多很多，但是星系之间的炽热气体也一样重要，

在这张星系团艾贝尔 520（Abell 520）的可见光图像中，每个星系都非常明显。蓝色图像表明了这个星系团中大部分质量所在，其中的主要成分是暗物质。暗物质是一种不可见的物质，构成了宇宙的大部分质量。这张暗物质分布图是根据哈勃望远镜的观测结果绘制而成的。人们通过哈勃望远镜检测从遥远物体发射过来的光被星系团扭曲的程度，来测定暗物质的存在，这个过程被称为引力透镜效应（gravitational lensing）。用 X 射线数据（绿色）展示了碰撞中的炽热的星团气体，这些气体是碰撞发生的证据。

甚至可能更重要。这是因为这些高达几百万度、弥漫在星系之间的稀薄气体的质量，实际上比所有星系的质量加在一起还大。

把星系团中的星系和气体的质量加在一起，只得到了星系团大约 17% 的质量。换句话说，还有更多的物质是我们用望远镜看不到的，但我们知道这些物质就隐藏在这些星系团中。这些物质就是名为暗物质的神秘物质。

星系团的混合

现在，你大概已经注意到了这样一条规律：宇宙中物体都会彼此撞击，或大或小，无一例外（即使是体积庞大的星系团也不例外）。当两个星系团发生撞击，那绝对是惊天动地的大事。虽然星系团中的星系很可能会彼此掠过而不受伤害——毕竟星系团大得不可思议，星系之间有很大的空间——但是炽热气体就不会如此幸运了。

相反，两团超级炽热的气体会狠狠撞在一起，它们的能量会进一步增加。两个星系团中的暗物质也会像气体一样混合起来，这会让天文学家有机会看到在这个过程中发生了什么。

星系团艾贝尔 520（图片是由 X 射线、可见光和质量分布图的图像合成的）。

暗能量＋暗物质＝黑暗的奥秘

庞大得像星系团一样的天体是如何产生的？天文学家认为，这个缓慢的创造过程会持续大约 10 亿年。在这段时间里，一团团暗物质通过它们强大的引力汇聚在一起，并将星系拉了过来。在第一阶段，形成的是小型星系群。随着时间的推移，这些星系群发生了合并，渐渐形成了越来越大的星系团。

在这张图片中，白色和黄色表示的是某个单独的星系，红色表示的是星系间的气体。这个星系团的质量相当于 10 亿个太阳。这里的气体温度非常高——大约 100 万℃，所以能够用 X 射线检测到。

你或许很难想象，像暗物质这样既检测不到也看不到的东西是如何影响宇宙中那些最庞大的天体的。但是先别着急——因为还有更加令人难以理解的事情。星系团的形成，依赖的不只是暗物质，它还受到另外一种东西的影响，这种东西叫暗能量。

暗能量这个话题值得探究一下。早在 1998 年，当时有两批天文学家在研究非常遥远的超新星。具体地说，他们当时观测的是一种特定类型的超新星，这类超新星的每一次爆发，方式完全相同，亮度也完全一样。（关于超新星类型的更多信息见第 4 章）

如果你知道某个物体的固有亮度，就能根据它看上去的明亮程度判断它的距离。设定一个标准的 60 瓦灯泡，如果你将它放在一臂之遥的地方，它会非常明亮。如果你将它放到街对面，它看上去就会暗一些。如果灯泡在你眼中成了一个小小的光点，你就会知道它和你的距离非常远。

天文学家就是这样做的，特别是在观测这些超新星爆发时，只是他们用了大量的数学计算。因为这些超新星如此明亮，所以它们可以在非常遥远的地方被看到——数十亿光年之外。科学家们希望用这种方式追踪宇宙在其生命周期中是如何演化的。

几乎每个天文学家都认为宇宙始于大约 137 亿年前的大爆炸。自从这个里程碑式的事件开始，一切东西都开始向外抛出，变成了宇宙。这个“向外抛出”的部分是关键。天文学家预计，几十亿年后，宇宙会放慢它向外膨胀的速度，甚至会完全停止膨胀，或者开始向内收缩。这有点像是抛向天空的球，不管你抛得多用力，在引力的作用下，它迟早会放慢速度，最终落回地球。

这就是观察超新星的天文学家试图寻找的东西。然而，他们并没有发现处于成熟期的宇宙正在放慢速度，而是发现了令人极为震惊的事情。他们发现宇宙的膨胀速度实际上在加快。想象一下，一场爆炸不但不会停止，而且还在加快速度，继续膨胀。这就像是把球抛上了天，但它不会落回地球，而是加快速度一直飞向高空。新的研究结果表明，这种现象是发生在整个宇宙中的。

这张图片非常简略地描绘了宇宙过去 137 亿年的历史：最左边的大爆炸是起点。大爆炸之后，形成了少量的第一批物质，并产生了第一批恒星（大约三四亿年后）、第一批星系（大约大爆炸发生 10 亿年后），以及最终的大型星系团。

诺贝尔奖获得者是……

某个成就是否值得荣获诺贝尔奖，常常需要几十年的时间才能确定。毕竟，许多诺贝尔奖获得者都是在职业生涯末期才得到这个声誉卓著的奖项，以表彰他们早年所做的贡献。

所以当 2011 年的诺贝尔物理学奖颁给了两个发现暗能量的团队时，你就知道这是多么了不起的成就，因为此时距离发现暗能量才 13 年。可以说，当你动摇了关于宇宙的基本理论时，也会有这种待遇！我们还敢大胆预测一下，首次揭开暗能量面纱的人或团队将来一定也会获得诺贝尔奖。

这也太奇怪了，连天体物理学家都暂时无法消化这一信息，是否研究出错了？他们试图弄清楚关于超新星本身是否存在一些什么不为人所知的东西。但是他们探究得越仔细，这种现象看上去就越真实。最终，科学家将这种正在以越来越快的速度分裂宇宙的神秘力量称为“暗能量”。虽然名字里都有一个“暗”字，但暗物质和暗能量截然不同。科学家们认为暗物质是一种物质，而暗能量是一种

我们还不理解的能量形式。有人根据它对宇宙的显著效应将其称为“反引力”，但不是每个天文学家都认可这个描述。

这和星系团有什么关系？天文学家认为星系团的增长速度不仅和暗物质的量有关，还和暗能量的存在有关。如果暗能量能将物体分开，那么随着宇宙的膨胀速度加快，巨大星系团的增长速度应该变慢。通过研究遥远宇宙中的星系团，天文学家发现，暗能量好像真的存在。在某种程度上，星系团就像是煤矿中用于检测环境的金丝雀。 因为它们非常庞大，所以暗物质和暗能量的微弱影响会在它们身上留下相对较大的印记。天文学家对星系团感兴趣，不只是因为它们体积庞大，还因为它们深藏着宇宙中一些最大问题的许多线索。

星系团 Abell 2218 质量巨大，产生的引力非常强大，能够使背后星系发出的光线产生弯折，像透镜一样，令背景星系的多重影像被折射和聚集为暗淡的圆弧。

星系团要点

- 星系乐于社交，常常大批出现，被称为星系团。
- 星系团是整个宇宙中最大的天体之一。
- 科学家使用星系团研究所有科学中两个最大的谜团：什么是暗物质？什么是暗能量？
- 这两个问题的答案将确定我们宇宙的命运。

斯蒂芬五重星系，2.8 亿光年

斯蒂芬五重星系是一个相对较小的星系群，只有几个星系。这张合成图使用了来自钱德拉 X 射线天文台的 X 射线（浅蓝色）和来自加拿大 – 法国 – 夏威夷望远镜（CFHT）的可见光数据（黄色、红色、白色和蓝色），向世人展示它的美丽面貌。科学家认为一个星系正在以几乎每小时 322 万千米的速度从其他星系中穿过，由此产生的冲击波会将气体加热，并产生了钱德拉 X 射线天文台所观测到的 X 射线。

艾贝尔 3376，6.14 亿光年

艾贝尔 3376（Abell 3376）星系团的这张图片显示了 X 射线数据（金色），以及可见光和无线电波数据（视野中清晰可见的各个星系）。科学家们用像艾贝尔 3376 这样的星系团的观察结果，研究引力在宇宙尺度上的性质、验证爱因斯坦的广义相对论。像这样的研究对于理解宇宙的演化（无论是过去还是未来）和最大的科学谜团之一的暗能量的性质都至关重要。

“胖子”星系团，72 亿光年

在天文学上，一个好的绰号往往很有价值。这个星系团被戏称为“El Gordo”，是西班牙语中“胖子”的意思。这个名字很符合它的特性，因为它似乎是在所有已知星系团中最庞大、最炽热、释放 X 射线（蓝色）最多的一个。“胖子”星系团的 X 射线的形状类似彗星，再加上可见光数据，这说明“胖子”其实是两个星系团相撞的地方。“胖子”是在智利使用一架望远镜发现的，这个地点促成了它“胖子”的绝妙绰号。

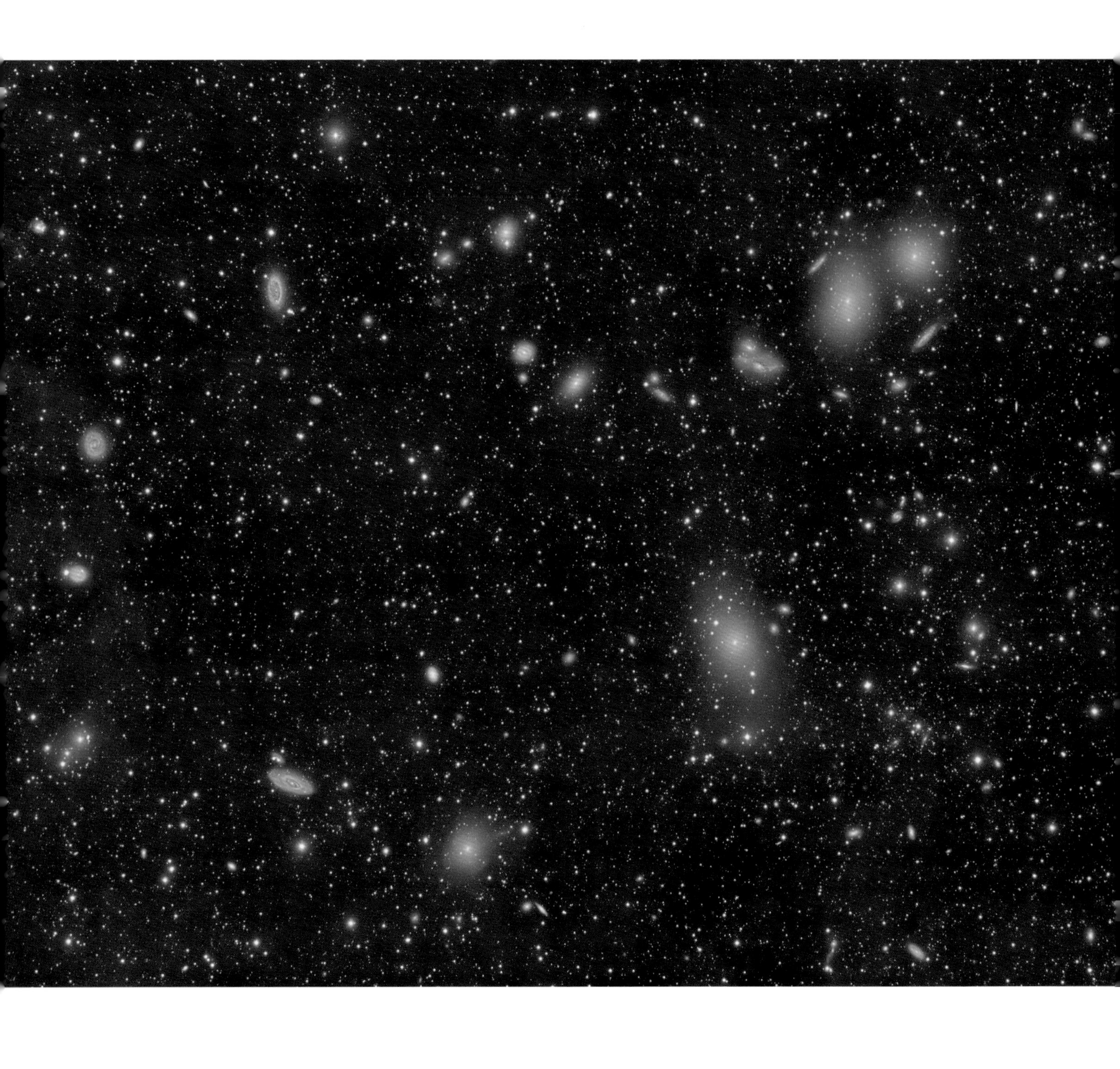

室女座星系团，4800 万光年

构成室女座星系团的星系成员至少有 1000 个，在夜空中覆盖着一片很大的面积。这张拼贴图展示的是，透过位于银河系平面上方微弱的尘埃所观察到的室女座星系团的中央区域。由于星系团非常庞大，所以各个星系就会距离地球远近不一，不过平均而言，室女座星系团中的星系与地球的平均距离被认为是大约 4800 万光年。

CL 0024+17，50 亿光年

暗物质是弥漫在宇宙中的一种未知物质，星系团 CL 0024+17 中的暗物质环（蓝色）是暗物质存在的有力证据。这个环是科学家为了观察这个星系团的引力是如何扭曲从更为遥远的星系所发射过来的光（引力透镜效应），而检查哈勃望远镜的观测数据时发现的。通过这种方式，天文学家推断出了暗物质的存在，即使他们无法直接看见它。天文学家认为，这个暗物质环是由两个巨大的星系团碰撞后产生的。

MACSJ0717.5 + 3745，54 亿光年

MACSJ0717.5 + 3745 是另一个混乱的星系团，简称 MACSJ0717。它是由 4 个正在发生碰撞的独立星系团组成的。在这张合成图上，来自钱德拉 X 射线天文台的数据显示的是该星系团的炽热气体，而来自哈勃太空望远镜的可见光图像则展示了这个复杂系统里的各个独立星系。在这张图片里，人们将炽热气体根据温度进行了颜色编码，温度最低的气体是紫红色，温度最高的气体是蓝色，而温度介于二者之间的气体则是紫色。

1E 0657–56，38 亿光年

这个星系团的官方名称是 1E 0657–56，但它还有一个更加广为人知的名字，“子弹星系团”（Bullet Cluster）。之所以有此名字，是因为它包含一个壮观的子弹形云团，该云团由高达几亿度的高温气体构成，是两个巨大星系团碰撞后形成的。钱德拉 X 射线天文台观测到的炽热气体在这张图片中用两团粉色色块表示，它们含有这两个星系团的大部分“正常”的物质。来自麦哲伦望远镜和哈勃太空望远镜的可见光图像用橙色和白色展示了各个星系。蓝色色块是用一种名为引力透镜的技术展示了星系团中大部分物质所在的区域。蓝色区域大多数物质与正常物质（粉色区域）显然是分开的，这个直接证据表明，这些星系团中几乎所有的物质实际上都是暗物质。

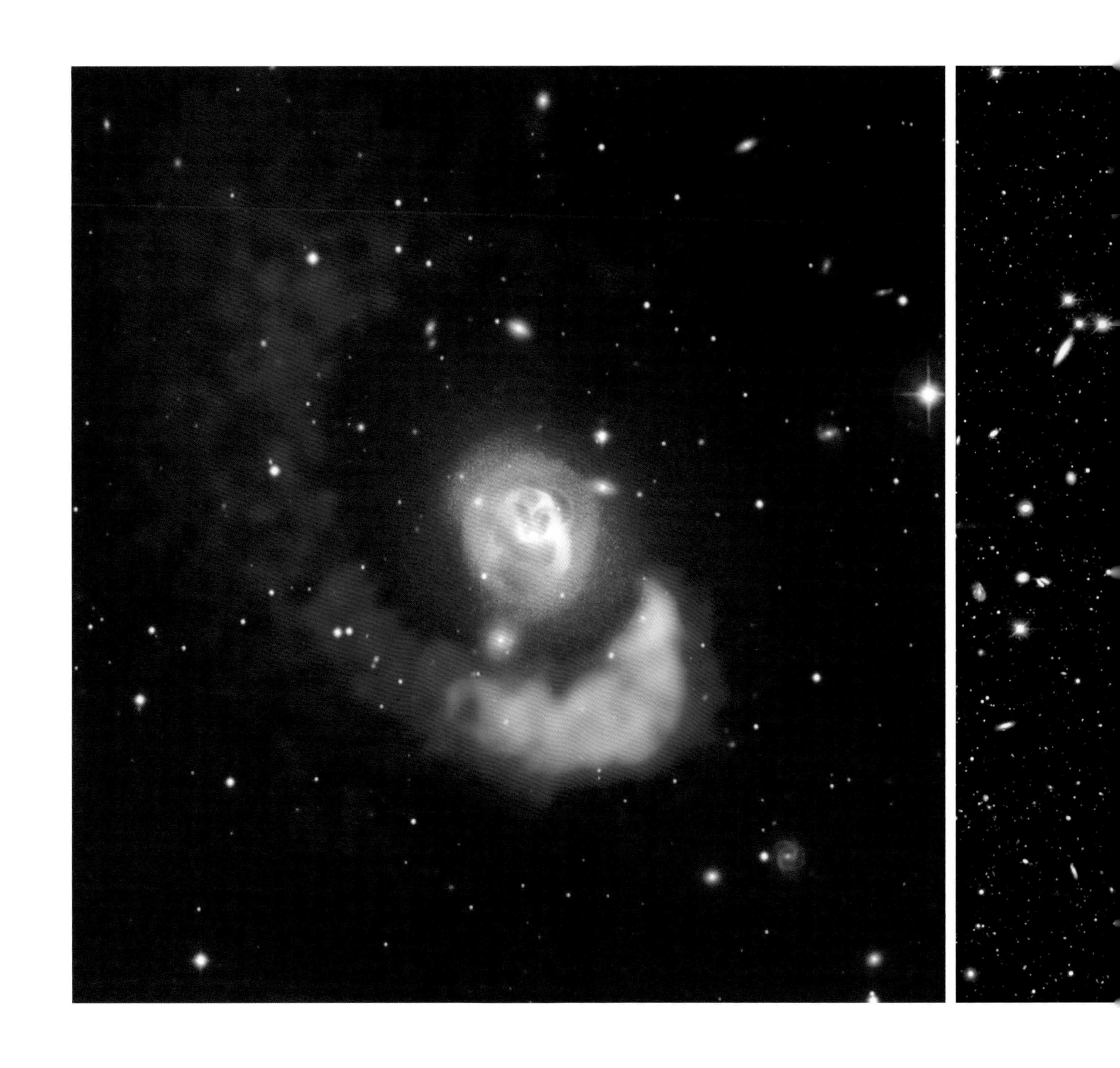

艾贝尔 2052，4.8 亿光年

就像玻璃杯里的葡萄酒一样，星系团艾贝尔 2052（Abell 2052）中的炽热气体被来回搅动。这在 X 射线（蓝色）的照射下，呈现出非常巨大的螺旋状结构。它是由一个小型星系团撞上一个中部是椭圆星系的更大星系团形成的。这种搅动产生了许多重要影响，包括影响了这个巨大的椭圆星系及其超大质量黑洞的增长方式。艾贝尔 2052 是一个与地球相距约 4.8 亿光年的星系团。

引力透镜，50 亿光年

爱因斯坦预言了很多事情——而且在很多事情上，他是对的！其中一个预测是，一个质量足够大的物体会像宇宙中的透镜一样，会扭曲从更远处发射来的光。这张哈勃太空望远镜拍摄的图片，展示了一个密集的星系团是如何让来自更遥远的星系的光发生弯曲的，这让它们看上去像照片中的蓝条纹弧。在研究这些图片的形状和位置时，天文学家发现所有可见物质都不足以解释这种扭曲，所以一定存在大量不可见的暗物质。

英仙座 A，2.5 亿光年

一个名为 NGC 1275 的星系坐落在英仙座星系团（Perseus Cluster）的中央。通过将不同类型的光合并到一张图片中，科学家们可以更容易地看清这个星系的动态。在这张合成图片中，来自钱德拉 X 射线天文台的 X 射线用紫色标出了 NGC 1275 星系中央存在的黑洞。来自哈勃望远镜的可见光数据则用红色、绿色和蓝色来表示，而用粉色表示的无线电波追踪到的数据则是中央黑洞产生的喷射流。

第 9 章
归途漫游

我不知道世间有什么是确定不变的，我只知道，只要一看到星星，我就会开始做梦。

——文森特·梵高（Vincent Van Gogh）

在接近旅程的终点时，让我们先看看三个观点：

这本书不包括一个完整的、条理清晰的故事。
在宇宙中，还有许许多多需要探索的谜团和问题。
对这些问题的探索正在进行中，没有人知道标准答案。

我们已经从最熟悉的家园行星地球出发，去到那些庞大得几乎超出我们理解能力的环境结构中。在这次旅途中，我们在距离和尺度上经历了巨大飞跃，并且体验了许多看上去奇异得难以置信的现象。

研究宇宙，最令人兴奋的一点在于：虽然某些理论和观点会随着新数据的出现而发生变化，但如此一来，整件事情反而变得更有趣了。

P226–227 图： 这张图片是我们目前能够用可见光看到的最遥远的景象。哈勃太空望远镜镜头的分辨率是人眼的1亿倍。这张图片展示了一些最遥远的星系，它们的诞生仅仅比大爆炸晚了几亿年。

寻找生命

对许多人而言，探索宇宙的乐趣不仅在于找到答案，还在于揭示新的问题。最耐人寻味的问题之一是我们很多人都曾问过的：我们孤独吗？似乎每天都有行星和行星系统被发现的报告，而新发现的这些天体似乎越来越像地球和太阳系了。是否真的存在和地球极为相似的行星呢？还有其他的行星能像地球一样适合生命生存吗？当然，这其中最大的问题是，如果在这庞大的宇宙中存在其他类型的生命，那么它们在哪里？

关于宇宙的疑问

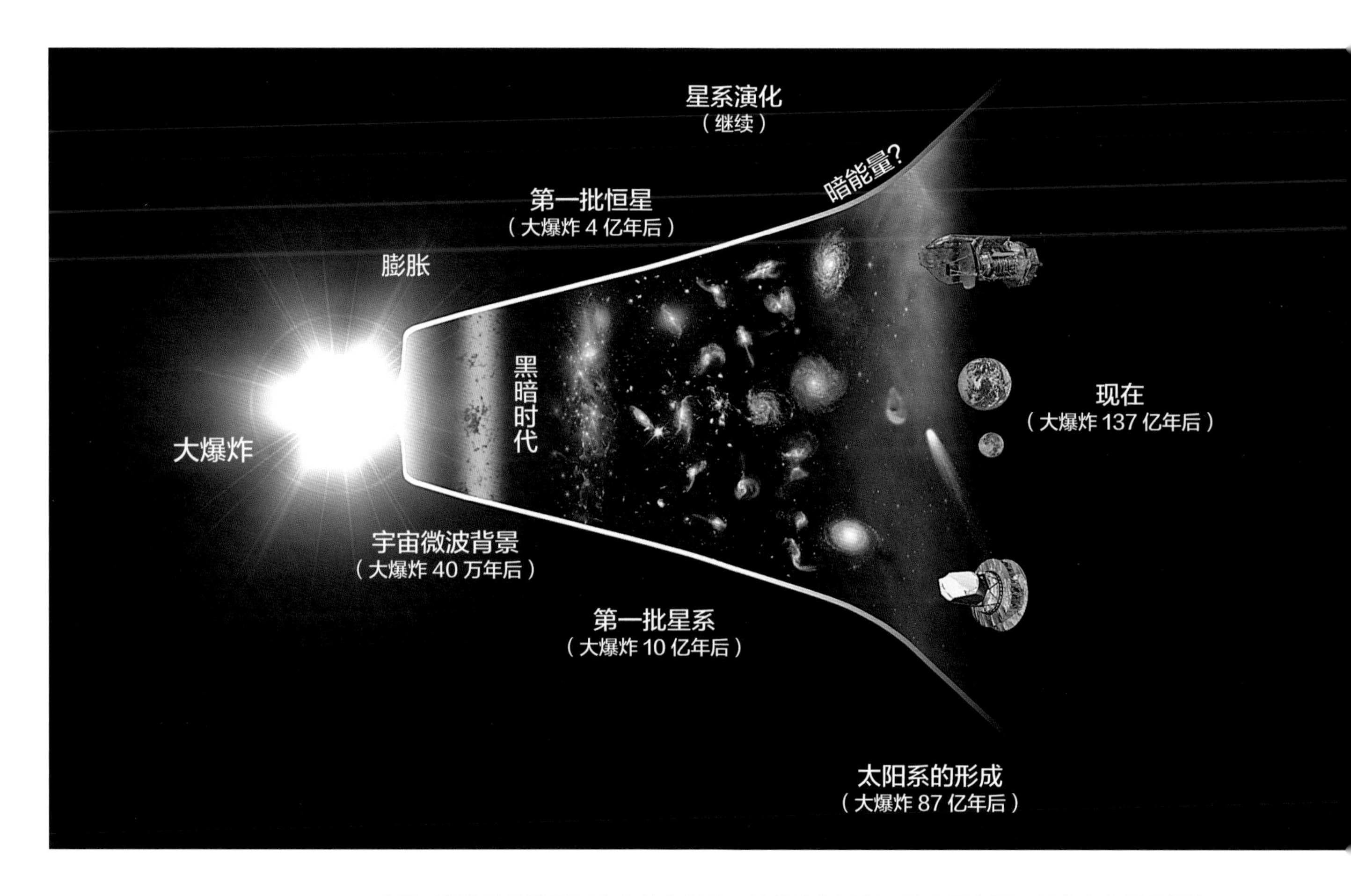

上图：这张图片展示了宇宙从大爆炸开始的演化历程。从左到右展示的自宇宙最早期直至现在的时间推进。科学家认为，第一批恒星是在大爆炸几亿年后形成的，第一批星系形成的时间也没有晚太多，而我们的太阳系大约是在大爆炸 90 亿年后形成的。

左图：这张由艺术家创作的作品展示了 NASA 的开普勒太空望远镜所发现的众多行星—恒星系统中的一个。我们现在还不能直接对这些行星—恒星系统进行成像，但是科学家研究了它们不同波段内光的组合，以及这些光是如何表现出系统特征的。

虽然我们对这个问题的答案期待已久，但是仍然有许多谜团需要思索。我们谈到过，宇宙被认为是在 137 亿年前的那场大爆炸中开始的。从那之后，它迅速膨胀为一个由氢和氦原子组成的超高温的“海洋”。在这段时间里，有个时期被天文学家称为“黑暗时代”，因为我们对它一无所知。然后发生了什么？几亿年后，当宇宙冷却到某种程度，就具备了第一批恒星和星系的形成条件。这到底是如何发生的？

科学家的共识是这些幼年星系发生了融合和增长，最终成长为我们今天看到（而且生活在其中）的成熟而复杂的星系。星系中心的黑洞是一开始就形成的还是后来才形成的？如果黑洞和星系是共同演化的，那么它们之间相互依赖的共存关系到底是怎样的呢？

在宇宙中，我们发现了很多谜团，包括暗物质和暗能量。实际上，把能用精密的望远镜直接探测到的所有东西都加起来，我们只能算出宇宙中微不足道的 4%。换句话说，根据我们现在的所知，大约 96% 的宇宙是我们无法清晰解释的。

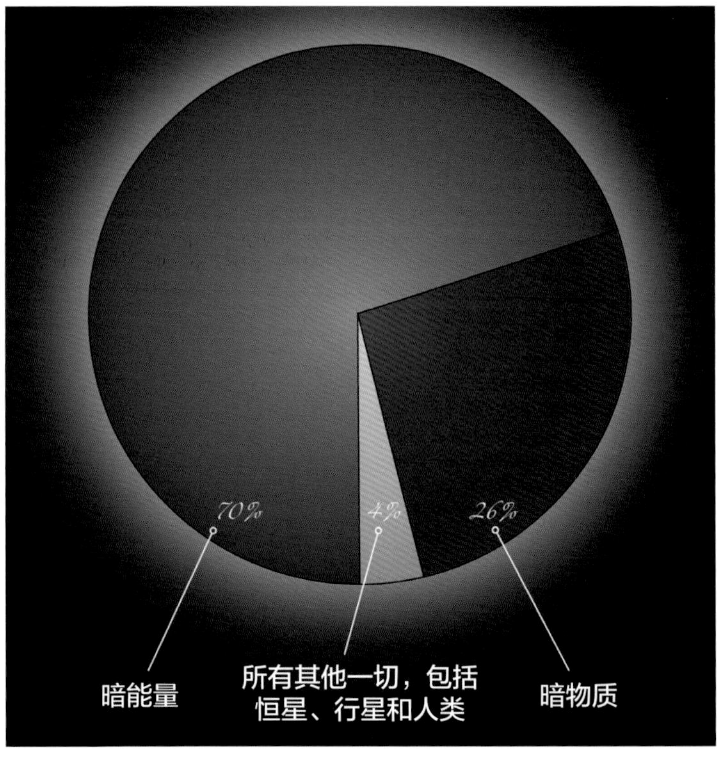

我们从来不是甘草味软糖的忠实粉丝，但是先把这个问题放到一边，因为这张示意图有助于展示宇宙中的正常物质是多么地少。宇宙大部分是黑暗的。在宇宙中，恒星、行星和我们人类在宇宙的比重只是略高于 4%，其余约 96% 的宇宙是由暗能量和暗物质组成的。

近距离看太空

现在有很多方法可以获得海量华丽的太空图片。你可以拿起一本书（例如本书），或者在你的手机、平板电脑、电脑或者其他你喜欢的电子设备上查看它们。

然而，我们相信如果你在不同的环境下观看这些图片，意义会大不相同。这些图片在公开展览、节日或博物馆中不但会以更大的比例展示，有时还会被放置在特别的背景中，让我们以稍微不同的方式思考我们所看到的东西。

在过去的几年里，美国的科学节数量大幅增长。这些活动在欧洲和世界上的其他地方已经流行了几十年，如今每年都会在华盛顿、纽约和圣地亚哥这样的城市举办。像 NASA 这样的太空机构常常在这些免费公开活动上设立展台，你可以在那里看到最新、最大的太空图片，还有机会问一两个问题。

还有一些项目专门致力于天文学的大众传播。其中两个项目是“从地球到宇宙”（From Earth to the Universe）和“从地球到太阳系”（From Earth to the Solar System）（本书使用了来自这两个项目的材料）。你可以访问它们的网站 www.fromearthtotheuniverse.org 和 fettss.arc.nasa.gov 查看活动日历，看看这些项目将在什么地方举办展览。

研究地球，以了解宇宙

我们将如何揭开这些巨大谜团？天文学家正在宇宙中寻找线索。就在此时此刻，世界各地的科研机构中的科学家和工程师团队正在计划建造新的望远镜和天文台，以便能用不一样的方法来探索这些问题。有一件事是确定的：每当我们成功建造和运行一台新的望远镜，就会有意想不到的奇妙发现。

与此同时，粒子物理学家已经在地球上修建了巨大的粒子加速器，例如最近在瑞士落成的大型强子对撞机（Large Hadron Collider）。在地球上修建的这些大型设施以及其他复杂探测器可能只是揭示了一些此前未知的粒子，从而使我们对这些关于宇宙的谜题——比如暗物质的本质——产生新的理解。

我们正在寻找的某些答案也许或至少部分会出现在地球上，这也没什么好奇怪的。它提醒我们，我们来自同一个宇宙，来自“外面的世界”的问题可能会在这里找到答案，反之亦然。当我们将思绪和探索投向宇宙中极为遥远的地方时，我们会对我们在地球上的生存产生什么样的认识呢？

左图·上: 这幅由艺术家绘制的图片展示了即将问世的詹姆斯·韦伯太空望远镜（JWST），是继NASA的哈勃太空望远镜和斯皮策太空望远镜之后，为红外观测而优化的太空望远镜。

左图·下: 大型强子对撞机加速环的航拍照片。

右图: 满月即将升起，夜空在招手。

P234图: 你知道可以在火星上找到沙丘吗? 就像在地球上一样，强风吹来，帮助塑造火星的地表外貌。这张图片中的沙丘之海被火星上的风雕刻成了长长的线条。这些沙丘环绕着火星的北极冰帽，其面积和德克萨斯州一样大。在这张用颜色编码的图像中，蓝色展示的是温度较低的区域，而温度较高的区域则用的是黄色和橙色展示的。

欢迎回家

所有旅途体验都有结束的时候，旅程再美好，也终有回家的时刻。但这趟旅行与我们参加的大多数旅行不同，因为最终，我们从未离开过。然而我们已经发现，我们的太阳系、我们的银河系以及我们的整个宇宙的迷人的现象，全部都是同一张奇迹之网的一部分，而我们所有人都被紧密地编织进了这张网中。

和所有的旅行指南一样，本书是不完整的。它只是浅尝辄止地提供了一些宇宙中值得探索的地点和事物。如果你对宇宙的好奇心已经被勾起，我们希望你会继续自己的探索。幸运的是，这只需要你去一趟当地的图书馆、书店，或者离你最近的电脑。所以去探索吧——宇宙在等待你的发现！

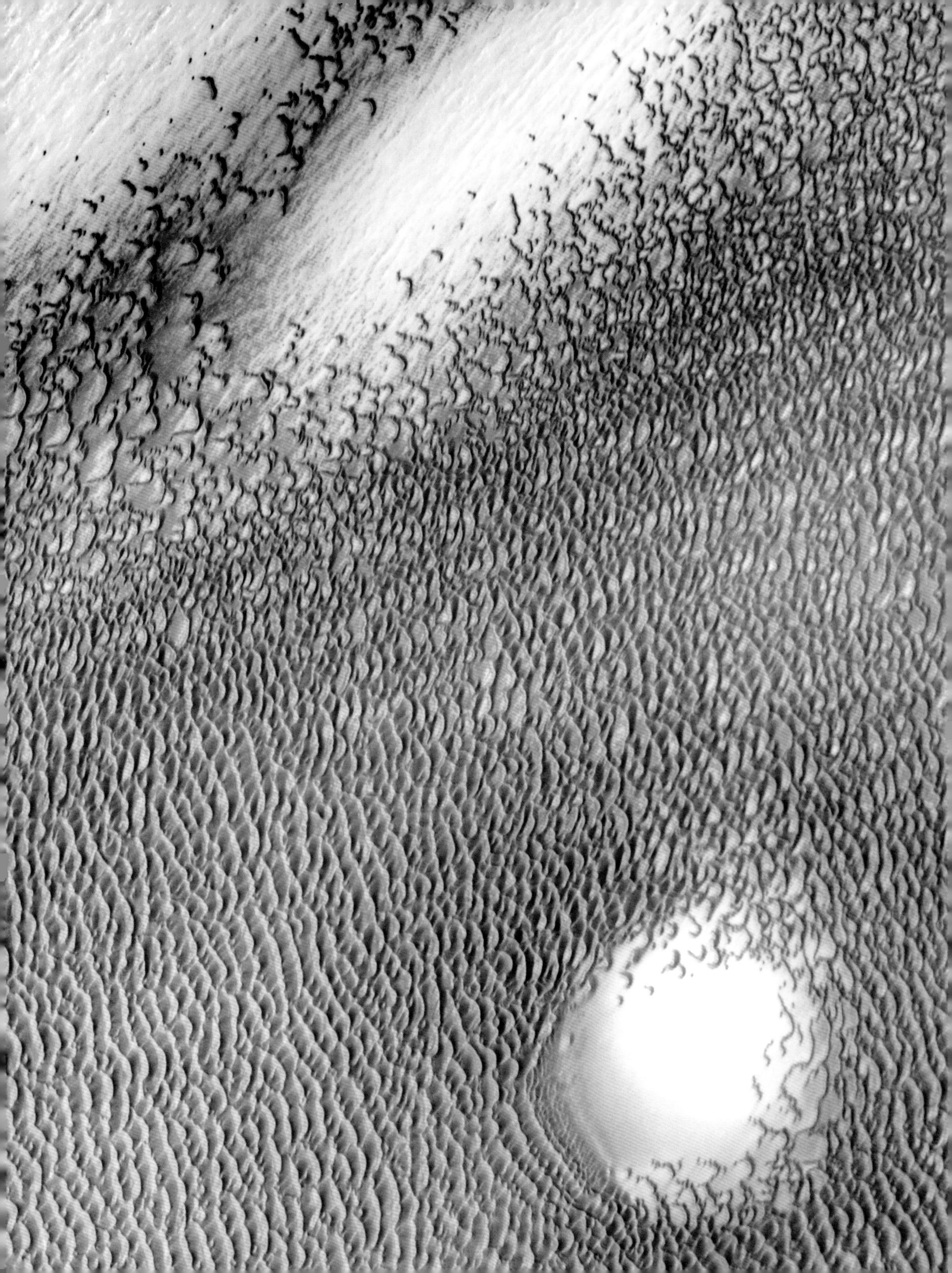

致谢

在本书完成之际，有许多人是我们需要并且想要表达感谢的。我们想感谢我们的版权代理伊丽莎白·埃文斯（Elizabeth Evans，Jean V. Naggar literary Agency的经纪人）。她主动联系我们，并提出了撰写一本书的想法。我们要感谢 Smithsonian Books 图书公司的主任卡罗琳·格林森（Carolyn Gleason）和她的员工，他们在我们完成这本书的过程中提供了许多帮助和引导。我们还要感谢我们的编辑格雷戈瑞·麦克纳米（Gregory McNamee）。

这本书的开端是我们为 2009 年国际天文年（International Year of Astronomy，简称 IYA）策划的项目“从地球到宇宙”（From Earth to the Universe”，简称 FETTU）。无论是从专业还是个人层面，FETTU 对我们来说都是一个极为充实的项目。我们感谢 Lars Lindberg Christensen（来自欧洲南方天文台 ESO）和 Pedro Russo（来自莱登大学）对 FETTU 的巨大支持和对国际天文年的美好愿景。Gary Evans（科学图片库）帮助启动了 FETTU 项目。我们还要感谢同样在 FETTU 项目组工作的 Manolis Zoulias（雅典国家天文台）、Jean-Charles Cuillandre（加拿大－法国－夏威夷天文台集团）、Thierry Botti（马赛普罗旺斯天文台，简称 OAMP）、Rick Fienberg（美国天文学会，简称 AAS）、Henri Boffin（ESO）和 Antonio Pedrosa（那威加尔基金会），他们帮助组织了 FETTU 最初的展览材料，其中的许多材料被收录到了本书中。

“从地球到太阳系”（From Earth to the Solar System，简称 FETTSS）项目给了我们第二次机会。我们感谢提出这个想法的 Daniella Scalice 和 Julie Fletcher（NASA 天体生物学研究所），她们还共同组织了同样被本书收录的 FETTSS 的展览材料。

对于所有自愿将作品用于 FETTU 和 FETTSS 项目以及本书的所有画家和天体摄影学家，我们永远心怀感激。你们的图像为本书增色不少。

特别感谢 Steve Lubar（布朗大学）以巨大的耐心审阅本书。Peter Edmonds（钱德拉 X 射线天文台，简称 CXC）不遗余力地确保我们的写作不但有趣，而且准确。Melissa Weis（CXC）在设计上的眼光无与伦比，感谢她的支持。Henri van Bentum 非常好心地在最后时刻找出了文字中的打印错误。

我们要将感谢和荣誉给予我们在钱德拉 X 射线天文台的同事。如果不是我们在这个令人着迷的机构工作时所培育的技能，我们根本就不会写这本书（而且我们还挑选出了我们最喜欢的有关钱德拉的资料，在本书中分享）。对于这段经历，我们深深感谢 Kathy Lestition（CXC）的所有支持以及善良和体贴，还有 Harvey Tananbaum(CXC) 的鼓励和温暖的话语。一段时间以来，钱德拉教育与公共服务（EPO)）的工作组都是我们在一段生命中至关重要的组成部分，他们包括 Wallace Tucker、April Hobart、John Little、Kayren Phillips、Khajag Mgrdichian、Aldo Solares，Lisa Portolese(CXC)。Joe DePasquale（CXC）和 Eli Bressert（CXC），你们会发现这本书里有很多你们制作的有关钱德拉的漂亮图片。

在哈勃和斯皮策工作的专业同行，也将会发现有些他们的作品也出现在了本书中。我们为此特别感谢 Zolt Levay 和 Lisa Frattare（太空望远镜科学研究所，简称 STScI）和 Robert Hurt（喷气推进实验室－加州理工学院），以及哈勃和斯皮策的欧洲专利局（EPO）办事处。

我们非常感谢 Mario Livio（STScI）花时间为本书作序。他是我们工作的灵感来源。

此外，还要感谢 NASA 和史密森学会（Smithsonian Institution）。我们感激每一位合作者所提供的支持和激励。这种支持激励着我们谈论宇宙。

最后，我们想将这本书献给写作期间支持我们的家人和朋友。感谢你们让我觉得地球的生活是如此美好。

金伯利：在我撰写这本书时，我的丈夫 John 帮助我处理了每一件被我忽略的事情。如果没有他，我真的无法完成这件事。我的孩子 Jackson 和 Clara 在我“忙那本书”的时候表现出了无尽的耐心和爱。我的母亲 Chris 是我最大的粉丝，每天都在支持我。即使在失去了我亲爱的公公 John 之后，我的婆婆 Diana 仍然向我伸出了援手。我的父亲 John，兄弟 Scott，继母 Vicki，家庭中的兄弟姐妹以及所有的家人，都在不断地鼓励着我。

梅甘：献给 Kristin、Anders、Jorja 和 Iver，你们是我做这么多事的动力来源。我要感谢我的父母，他们教我做自己热爱的事，即使可能没有回报。我要把这本书献给我的其他家人和朋友，我希望这本书终于能够对“我做的事”稍作解释。

图片来源

封面： NASA/ESA/CSA/Jupiter ERS Team(Judy Schmidt)
封底： Science Photo Library (Laurent Laveder)
文前： **1** ESA/Hubble & NASA/D. Milisavljevic (Purdue University); **3** NOAO/AURA/NSF (Jay Ballauer & Adam Block); **4-5** Yohkoh Legacy Archive (http://solar.physics.montana.edu/ylegacy), Montana State University; **6** NASA; **8** Canada-France-Hawaii Telescope Corporation (J.C. Cuillandre)

正文部分：

第 1 章 生活在地球

10-11 Shutterstock (Songchai W.); **13**(上图) ESA/DLR/Freie Universität Berlin (G. Neukum); (下图) Wikimedia; **15** National Science Foundation (Joe Mastroianni); **16** NASA/JSC/Earth Sciences and Image Analysis Laboratory; **17** Darren Edwards and Suzi Taylor; **18** Mark Boyle; **19** imago stock; **20-21** AMASE (Kjell Ove Storvik) ; **22, 23** High Lakes Project/NASA Astrobiology Institute/SETI CSC/NASA Ames Research Center; **24** Ariel Anbar; **25** Jenn Macalady, Becky McCauley, and Hiroshi Hamasaki; **26** MIT/NASA Astrobiology Institute (Phoebe Cohen); **27** Henry Bortman

第 2 章 太空中的地球

28-29 AVHRR/NDVI/Seawifs/MODIS/NCEP/DMSP/Sky2000 star catalog:(AVHRR & Seawifs texture by Reto Stockli, visualization by Marit Jentoft-Nils); **30** NASA/CXC; **31** NASA/GSFC/EOS; **32** NASA/CXC (M.Weiss); **33** NASA/CXC/S.Wolk (modified by K. Arcand); **34** NASA/CXC/UMass (D. Wang et al.); **36** NOAA; **37**(左图) TOMS Science Team/NASA Goddard Space Flight Center; **37**(右图 · 下) ESA; **37**(右图 · 上) NASA Johnson Space Center; **38** NASA/NOAA/GSFC/Suomi/NPP/VIIRS (Norman Kuring); **39** NASA/JSC/Earth Sciences and Image Analysis Laboratory; **40-41** NASA Goddard Space Flight Center/NOAA/NGDC (Christopher Elvidge, Marc Imhoff, Craig Mayhew, & Robert Simmon); **42** NASA/JSC/Earth Sciences and Image Analysis Laboratory (Mike Trenchard); **43** NASA GOES Project Science/NOAA Comprehensive Large Array-Data Stewardship System; **44** NASA; **45, 46** NASA/JSC/Earth Sciences and Image Analysis Laboratory; **47** ISS Crew Earth Observations Experiment and NASA/JSC/Image Science and Analysis Laboratory

第 3 章 月球和太阳

48-49 NASA/JSC/Earth Sciences and Image Analysis Laboratory; **51** NASA; **52** shutterstock (Dabarti CGI); **53** USGS/National Map Seamless Server; **55** NASA Kepler Mission (Jason Rowe); **56**(上图) NASA; **56** (下图) SOHO/NASA/ESA; **57**(左图) Nobeyama Observatory, NRAO/Ohio U. (L. Birzan et al.), (中间图 · 右) SOHO/NASA/ESA, (中间图 · 左) SOLIS/NSO/AURA/NSF; **58**(上图) Science Photo Library (Pekka Parviainen); (下图) shutterstock (Erkki Makkonen); **59** NASA/SOHO/EIT; **61** NASA/JHU Applied Physics Laboratory/Carnegie Institution of Washington; **63** Ciel et Espace (Akira Fujii); **64** Ciel et Espace (Jean-Luc Dauvergne); **65** NASA/Goddard/Arizona State U.; **66** NASA/CXC/SAO (J. Drake & Robert Gendler); **67** SSPL/Getty Images (Jamie Cooper); **68, 69** NASA/SDO; **70** NASA/Stanford-Lockheed Institute for Space Research's TRACE Team; **71** Jack Newton; **72** Greg Piepol; **73** Eckhard Slawik

第 4 章 太阳系天体

74-75 NASA/JPL/Texas A&M/Cornell; **76** NASA/CXC (M.Weiss); **78** NASA/JHU Applied Physics Laboratory/Carnegie Institution of Washington; **79** ESA/VIRTIS/INAF-IASF/Observatory de Paris-Lesia; **80-81** NASA/JPL-Caltech/Arizona State U./THEMIS; **82** NASA/JPL-Caltech (R. Hurt, modified by K. Arcand); **83** Wikimedia (Dave Jarvis, modified by K. Arcand); **84** NASA/JPL/U. of Arizona; **85** NASA; **86** shutterstock (Zack Frank); **87** NASA, ESA, and M. Showalter (SETI Institute); **88** NASA/JPL; **89**(左图) NASA/ESA (M. Buie); (右图) NASA/JPL-Caltech (R. Hurt, modified by K. Arcand); **91** Jack Newton; **93, 94, 95** NASA/JPL/U. of Arizona; **96** NASA/JHU Applied Physics Laboratory/Carnegie Institution of Washington; **97** NASA/JPL-Caltech; **98** NASA/Mars Global Surveyor; 100 NASA/JPL/U. of Arizona; **101, 102** NASA/JPL-Caltech/U. Arizona; **103** NASA; **104** NASA/JPL/U. of Arizona; **105** NASA/JPL-Caltech; **106** Gemini Altair Team/NOAO/AURA/NSF (Travis Rector & Chad Trujillo); **107** NASA/JPL/Voyager 2 Team; **108** NASA/JPL/DLR; **109, 110** NASA/JPL/Space Science Inst.; **111** NASA/ESA (L. Lamy); **112** Dan Schechter; **113** NOAO/AURA/NSF (T. Rector, Z. Levay & L. Frattare)

第 5 章 恒星的诞生与消亡

114-115 shutterstock (yakthai); **116** Wikimedia; **117** NASA/SDO; **118** Eckhard Slawik; **120**(上图) ESO (L. Calçada); (下图) NASA/CXC (S. Lee); **121** HST WFC3 Science Oversight Committee/NASA/ESA (F. Paresce & R. O'Connell) ; **122** NASA/CXC (M.Weiss); **123** NASA/CXC/RIT (J. Kastner et al.), NASA/STScl/U. Washington (B. Balick); **124** NASA/CXC (K. Arcand); **125** ESO (S. Steinhöfel); **127**(上图 · 左 - 右) NASA/CXC/NCSU (S. Reynolds et al.); (下图 · 左) NASA/CXC/SAO (F. Seward, modified by K. Arcand); (下图 · 右) NASA/ESA/ASU (J. Hester & A. Loll); **128** NASA/CXC/ROSAT/Asaoka/DSS (B. Gaensler & Aschenbach); **129** NASA/CXC (A.Hobart); **131** ESO/M. Kornmesser; **132** NOAO/AURA/NSF (Jay Ballauer & Adam Block); **133** NASA/CXC/GSFC (M. Corcoran et al.); **134** Palomar Observatory Sky Survey; **135** NASA/ESA/Hubble Heritage Team; **136** Johannes Schedler; **137** Adam Block and Tim Puckett; **138** NOAO/AURA/NSF (T. Rector & B. Wolpa); **139** David Malin, © Australian Astronomical Observatory; **140** NASA/JPL/Penn State (L. Townsley et al.), NASA/CXC/Penn State (L. Townsley et al.); **141** NOAO/AURA/NSF (Nathan Smith); **142** NASA/CXC/MIT (D. Dewey et al.), NASA/CXC/SAO (J. DePasquale), NASA/STScl; **143** ESO/VISTA (J. Emerson); **144** NASA/CXC/MIT/UMass Amherst (M.D. Stage et al.); **145** MPIA, Calar Alto (O. Krause et al.), NASA/CXC/SAO (J. DePasquale), NASA/JPL-Caltech; **146** NASA/CXC/Penn State (S. Park et al.), Palomar Observatory Sky Survey (Davide De Martin); **147** NASA/ESA/Hubble Heritage Team (STScl/AURA); **148-149** NASA/CXC/SAO (J. DePasquale), NASA/STScl

第 6 章 银河

150-151 Kerry-Ann Lecky Hepburn; **153** Stephane Guisard; **156** NASA/CXC (M.Weiss); **154** NASA/ESA (E. Jullo, P. Natarajan, & J.P. Kneib); **158**(下图) NASA/CXC (M.Weiss); **158-159**(上图) 2MASS (J. Carpenter, M. Skrutskie, & R. Hurt); **159**(下图) SSC/JPL/Caltech (Robert Hurt, modified by K.Arcand); 160 NASA/CXC (M.Weiss); **162**(下图) NASA/CXC (M.Weiss); **164** NASA/ACS Science Team/ESA (H. Ford, G. Illingworth, M. Clampin, & G. Hartig); **165** NASA/CXC (M.Weiss); **166-167** Eckhard Slawik; **168-169** NASA/CXC/UMass (D. Wang et al.), NASA/ESA/STScl (D. Wang et al.), NASA/JPL-Caltech/SSC (S. Stolovy); **170** NASA/CXC/MIT (F.K. Baganoff et al.); **171** Dominion Radio Astrophysical Observatory (Jayanne English & Tom Landecker) ; **172, 173** NASA/ESA/Hubble Heritage Team (STScl/AURA); **174** David Malin, © Australian Astronomical Observatory; **175** NASA/JPL-Caltech & SAGE Legacy Team (M. Meixner); **176** NASA/JPL-Caltech/STScl; **177** NASA/ESA (A. Nota); **178-179** Robert Gendler

第 7 章 银河系之外的星系

180-181 NASA/ESA/Hubble Heritage Team (STScl/AURA); **182** NASA/ESA/Hubble Heritage Team; **183** ESO; **184** NASA/ESA/Hubble Heritage Team; **185** NASA/CXC/CfA (D. Evans et al.), NASA/STScl, NSF/VLA/CFA (D. Evans et al.); **186** NASA/ESA/Hubble Heritage Team; **187** NASA/ESA (Peter Anders); **188** www.stargazer-observatory.com, http://www.astrogrossi.de/ (© Dietmar Hager, F.R.A.S. & Torsten Brandes); **189** NASA/IAS (J. Bahcall); **190** SDSS/Galaxy Zoo (Richard Nowell & Hannah Hutchins); **191** ESA/Hubble, NASA; **192** ESO/IDA (R. Gendler & C. Thöne); **193** Canada-France-Hawaii Telescope Corporation (J.C. Cuillandre & G. Anselmi); **194** Gemini Observatory/U. of Alaska Anchorage (Travis Rector), NASA/JPL-Caltech/GALEX Team (J. Huchra et al.); **195** NASA/CXC/JHU (D. Strickland), NASA/ESA/Hubble Heritage Team (STScl/AURA), NASA/JPL-Caltech/U. Arizona (C. Engelbracht), R. Jay GaBany; **196** NASA/CXC/KIPAC (S. Allen et al.), NASA/ESA/McMaster U. (W. Harris), NRAO/VLA (G. Taylor); **197** NASA/CXC/KIPAC (N. Werner & E. Million et al.), NRAO/AUI/NSF (F. Owen); **198** NASA/CXC/CfA (R. Kraft et al.); **199** NASA/CXC/SAO (J. DePasquale), NASA/JPL-Caltech, NASA/STScl; **200** NASA/ESA/Hubble Heritage Team (S. Beckwith); **202** NASA/ESA/Hubble Heritage Team (P. Goudfrooij); **203** NASA/CXC/MIT (C. Canizares & M. Nowak), NASA/STScl;

第 8 章 星系团

204-205 Russell Croman; **206-207** NASA/CXC (M.Weiss); **208** Jordi Gallego; **209**(左图 · 上／下) NASA/ESA/CFHT/CXO (M.J. Jee & A. Mahdavi); **210** NASA/ESA/CFHT/CXO (M.J. Jee & A. Mahdavi); **211** NASA/CXC (A.Hobart); **212-213** NASA/CXC (M.Weiss); **214** NASA, ESA, and Johan Richard (Caltech, USA); **215** Canada-France-Hawaii Telescope Corporation (Coelum), NASA/CXC/CfA (E. O'Sullivan); **216** NASA/CXC/SAO (A. Vikhlinin), NSF/NRAO/VLA/IUCAA (J. Bagchi); **217** NASA/JPL/Rutgers (F. Menanteau), ESO/VLT/Pontificia Universidad Catolica de Chile (L. Infante), NASA/CXC/Rutgers (J. Hughes et al.), SOAR/MSU/NOAO/UNC/CNPq Brazil/Rutgers (F. Menanteau); **218** Canada-France-Hawaii Telescope Corporation (J.C. Cuillandre); **219** Rogelio Bernal Andreo; **220** ESO/VLT, NAOJ/Subaru, NASA/CXC/ITA/INAF (J. Merten et al.), NASA/STScl (R. Dupke); **221** Magellan/U. Arizona (D. Clowe et al.), NASA/CXC/CfA (M. Markevitch et al.), NASA/STScl; **222** NASA/CXC/U. Waterloo (B. McNamara); **222**(右图) NASA/ESA/STScl/U. Waterloo (B. McNamara); **223** NASA/ESA/JHU (M. Lee & H. Ford); **224-225** NASA/CXC/IoA (A. Fabianet al.), NASA/ESA/Hubble Heritage (STScl/AURA) & U. Cambridge/IoA (A. Fabian), NRAO/VLA (G. Taylor);

第 9 章 归途漫游

226-227 NASA/ESA/Hubble Heritage Team (S. Beckwith); **228** NASA/Ames/JPL-Caltech, NASA/STScl; **229** Cardiff U. (Rhys Taylor, www.rhysy.net), NASA/STScl/NRAO (A. Evans et al.); **230** (下图 · 左) ESO/VLT/Pontificia Universidad Catolica de Chile, Fermilab; (下图 · 右) NASA/CXC (M.Weiss); **232**(上图) ESA (C. Carreau); (下图) CERN; **233** Wayne England; **234** NASA/JPL-Caltech/Arizona State U./THEMIS